FORSCHUNGSBERICHTE DES LANDES NORDRHEIN-WESTFALEN

Nr. 1933

Herausgegeben im Auftrage des Ministerpräsidenten Heinz Kühn
von Staatssekretär Professor Dr. h. c. Dr. E. h. Leo Brandt

DK 677.024.12:677.024.5:677.11.061.1

Text.-Ing. *Hugo Griese*

Forschungsinstitut für Bastfasern e. V., Bielefeld

Untersuchung zur rationellen Verarbeitung von Leinengarnen

Teil I Die Verarbeitung von Leinengarnen auf Schußspulen mit Spitzenreserven als Voraussetzung für den Einsatz von Ladevorrichtungen

Teil II Die Möglichkeit der Verwendung des Unifil-Systems für die Verarbeitung von Leinenschußgarnen

WESTDEUTSCHER VERLAG · KÖLN UND OPLADEN 1968

ISBN 978-3-663-06488-6   ISBN 978-3-663-07401-4 (eBook)
DOI 10.1007/978-3-663-07401-4

Verlags-Nr. 011933

© 1968 by Westdeutscher Verlag GmbH, Köln und Opladen

Gesamtherstellung: Westdeutscher Verlag

Inhalt

Teil I: Die Verarbeitung von Leinengarnen auf Schußspulen mit Spitzenreserven als Voraussetzung für den Einsatz von Ladvorrichtungen

1. Einleitung 5
2. Versuchsplanung 5
   - 2.1 Schuß-Spulautomaten 5
   - 2.1.1 Spitzenbewicklung Schweiter-Schußspulautomat Typ MS 5
   - 2.1.2 Spitzenbewicklung Schlafhorst-Autocopser Typ ASE 6
   - 2.2 Webautomaten 6
   - 2.2.1 Dornier-Webautomat mit Fischer-Ladevorrichtung 6
   - 2.2.2 Rüti-Webautomat mit Boxloader 6
   - 2.2.3 Rüti-Buntautomat 7
   - 2.3 Automatenhülsen 7
   - 2.4 Versuchsgarne und Versuchsgewebe 8
3. Versuchsausführung 8
   - 3.1 Einsatz der Garne 8
   - 3.2 Spulspannungen 9
   - 3.3 Beobachtungen während der Versuche 9
4. Versuchsergebnisse 10
   - 4.1 Fischer-Ladeeinrichtung 10
   - 4.1.1 Einfluß der Ausführung der Spitzenreserve 10
   - 4.1.2 Einfluß der Spulmaschine 10
   - 4.1.2.1 Fixierung des Fadenendes 10
   - 4.1.2.2 Haftung der Spitzenreserve 10
   - 4.1.3 Einfluß der Automatenhülse 11
   - 4.1.4 Einfluß der Spulspannung 13
   - 4.1.5 Einfluß der Garnart 14
   - 4.1.6 Abquetschen des Fadens 15
   - 4.2 Rüti-Boxloader 16
   - 4.3 Rüti-Spitzenreserve-Abstreifung am Buntautomat 16
5. Zusammenfassung 17
6. Abbildungen zu Teil I 20

Teil II: Die Möglichkeit der Verwendung des Unifil-Systems für die Verarbeitung von Leinenschußgarnen

1. Einleitung 24
2. Versuchsgestaltung 24
   - 2.1 Unifil-Spuler 24
   - 2.1.1 Schußhülsen 25
   - 2.2 Webautomat 25

2.3	Versuchsgarne und Versuchsgewebe	25
2.4	Beobachtungen und Untersuchungen	27

3. Versuchsergebnisse 27
    3.1   Garnzufuhr und Fadenbremsung 27
    3.1.1 Erfassung von Störungen beim Abzug der Kreuzspulen 27
    3.1.2 Ermittlung der Kreuzspulen-Laufzeiten 30
    3.1.3 Erfassung von Störungen bei der Schußfadenbremsung 31
    3.1.4 Verbesserungen in der Garnzufuhr und der Fadenbremsung 31
    3.2   Spulvorgang und Hülsenreinigung 32
    3.2.1 Erfassung von Störungen beim Spulvorgang und bei der Hülsenreinigung 32
    3.2.2 Verbesserungen beim Spulvorgang und bei der Hülsenreinigung 35
    3.2.3 Vergleich der Spulspannungen auf herkömmlichen Schußspulautomaten und auf Unifil-Spuler 35
    3.2.4 Gegenüberstellung von Spulenherstell- und Spulenablaufzeiten beim Weben 36
    3.2.5 Vergleich der Garneigenschaften nach dem Spulen auf dem Unifil-Spuler und auf dem Schlafhorst-ASE-Schußspulautomaten 39
    3.3   Webvorgang 39
    3.3.1 Besonderheiten des Gewebeausfalles bei Einsatz des Unifil-Spulers 39
    3.3.2 Messung der Schußfadenablaufspannungen 40
    3.3.3 Einfluß der Windungszahl 41

4. Zusammenfassung 42

5. Abbildungen zu Teil II 44

Teil I

Die Verarbeitung von Leinengarnen auf Schußspulen mit Spitzenreserven als Voraussetzung für den Einsatz von Ladevorrichtungen

1. Einleitung

In Fortsetzung der abgeschlossenen Forschungsarbeit über »Verbesserungsmöglichkeiten der Leinenschußverarbeitung bei hohen Webgeschwindigkeiten«*, in der der Einfluß von Einfädlern, Schützenausstattungen, Automatenhülsen, Bewicklungsarten und Spulspannungen auf störungsfreien Schußfadenablauf und einwandfreien Ausfall der Ware behandelt wurde, wurde eine Untersuchung des Einsatzes von Ladevorrichtungen bei Leinenschußverarbeitung durchgeführt. Ladeeinrichtungen bedeuten gegenüber Spulenwechselautomaten eine weitere Vervollkommnung der Webautomaten hinsichtlich der angestrebten Erleichterung seiner Bedienung. Das manuelle Aufstecken und Einfüllen der Spulen in die Magazine entfällt. Die von der Schußspulmaschine mit Spulen gefüllten Behälter werden unmittelbar der Webmaschine vorgesetzt. Ein zwischenzeitliches Umspulen entfällt. Die einzelne Schußspule wird dem Spulenwechselautomaten durch zweckentsprechend wirkende Einrichtungen selbsttätig zugeführt.

Die Ladeeinrichtungen setzen voraus, daß die Hülsenschaftspitze eine kurze Parallelwicklung, genannt Spitzenreserve, erhält, die vor dem Einschlag der Schußspule in den Webschützen abgestreift werden muß. Die vorliegende Arbeit befaßt sich mit der Abstimmung der Spitzenbewicklung auf die Verhältnisse bei der Verarbeitung von Leinengarnen.

Die Untersuchungen gelten in erster Linie dem Arbeiten mit Spitzenreserven im Zusammenhang mit Ladeeinrichtungen, die vornehmlich an einschützigen Webautomaten zum Einsatz kommen. Es wurde aber in die Betrachtungen auch ein Buntautomat mit Schachtmagazin einbezogen, der ebenfalls mit Schußspulen, die eine Spitzenreserve besitzen, versorgt wird.

2. Versuchsplanung

2.1 Schuß-Spulautomaten

Der Versuchsplan sah zwei Schuß-Spulautomaten unterschiedlicher Konstruktion vor, den Schweiter-Schußspulautomaten Typ MS und den Schlafhorst-Autocopser Typ ASE. Bei beiden Automaten werden die mit Spitzenreserven versehenen fertigen Schußspulen geordnet in Spulenkästen abgelegt.

2.1.1 Spitzenbewicklung Schweiter-Schußspulautomat Typ MS

Zum Fixieren der Spitzenbewicklung wird bei diesem Automaten der Faden in die Wicklung gedrückt und kurz abgeschnitten.

---

* Forschungsbericht des Landes Nordrhein-Westfalen, Nr. 1634. Köln und Opladen, Westdeutscher Verlag 1965.

2.1.2 Spitzenbewicklung Schlafhorst-Autocopser Typ ASE

Der benutzte Schlafhorst-Automat war sowohl mit Einrichtung für einfache als auch für doppelte Schlingenbildung zur Fixierung der Spitzenbewicklung ausgestattet. Im ersten Fall liegt das abgeschnittene Fadenende unter der letzten Windung des Spitzenwickels, im zweiten Fall wird das Fadenende der Spitzenbewicklung durch zwei Schlingen festgelegt.

2.2 Webautomaten

Das Verweben der Schußspulen erfolgte auf Dornier- und Rüti-Webautomaten, wobei die Schußspulen entweder aus vorgelegtem Spulenkasten oder beim Rüti-Buntautomaten aus einem Schachtmagazin verarbeitet wurden. Der Vorgang des Abstreifens der Spitzenreserve weicht gemäß der einzelnen Konstruktionen stark voneinander ab.

2.2.1 Dornier-Webautomat mit Fischer-Ladevorrichtung

Der Dornier-Webautomat vom Typ ASW 4L wurde bei einer Blattbreite von 175 cm mit einer Drehzahl von 165 U/min betrieben.
Er war mit einer +GF+Ladevorrichtung (Abb. 1) versehen, die mit Druckluft arbeitete.
Der vom Schußspulautomaten kommende volle Spulenkasten wird auf ein Gestell des Webautomaten gesetzt. Ein Schieber im Kastenboden wird geöffnet, so daß die Schußspulen in einen Kanal gleiten können. Die Einleitung eines Spulenwechsels und der Wechsel selbst finden in gleicher Weise wie beim Webautomaten mit Trommelmagazin statt.
Unmittelbar nach jedem Wechsel wird die nächste Schußspule zum Wechseln vorbereitet, indem der Spulenhammer, der sich zum Spuleneinschlag abwärts bewegt, eine Programmsteuerung (Abb. 2) einleitet. Von einer elektromotorisch angetriebenen Exzenterwelle werden über Einzelexzenter Druckluftventile betätigt.
Mit Hilfe der Druckluft wird die Schußspule während des Abstreifvorganges festgehalten und die Spitzenreserve von einem mit zwei Backen versehenen Abstreifer (Abb. 3 und 4) entfernt*. Der abgestreifte Faden wird in einem Fadenhalter festgehalten und nimmt dabei eine ähnliche Lage ein wie in einem Trommelmagazin. Über einen Injektor werden die abgeschnittenen Wechselfäden der abgelaufenen und der vollen Spule samt Spitzenreserve abgesaugt. Sie werden in einen Abfallbehälter geblasen. Bei Stockungen in der Spulenzufuhr kommt ein von unten in den Spulenkasten greifender Spulenordner zur Wirkung.

2.2.2 Rüti-Webautomat mit Boxloader

Der Rüti-Webautomat mit Ladeeinrichtung (Boxloader), (Abb. 5), hatte eine Blattbreite von 190 cm und wurde mit 128 U/min betrieben.
Der Spulenkasten steht wiederum auf einem gesonderten Träger des Webautomaten. Über eine kontinuierlich arbeitende Spulentransportvorrichtung gelangen die einzelnen Schußspulen zwischen Leitblechen und einer Spulenführung in den Bereich des Spulenhammers. Spitzenführungen verhindern ein Verkanten der Spulen. Spulenklappen, ein

---

* Die Abstreifzange ist schwenkbar gelagert. Deshalb führen die Abstreifbacken während des Abstreifvorganges keine gerade, sondern eine Schwenkbewegung aus.

Anschlagwinkel und ein Spitzenanschlag fixieren jeweils die unterste Schußspule in richtiger Stellung für den Spulenwechsel.

Das Abziehen der Spitzenreserve erfolgt durch einen aus Abziehhülse mit Abziehkrone bestehenden Abstreifer (Abb. 6). Die Abziehhülse und die in ihr sitzende rosettenförmige Abziehkrone werden über die Hülsenschaftspitze der zum Wechsel vorbereiteten Spule geschoben. Die Abziehkrone erfaßt bei der folgenden Rückwärtsbewegung die Spitzen-Fadenreserve und streift sie ab. Dieser Vorgang spielt sich langsam ab, da genügend Zeit zur Verfügung steht. Die Abzugsvorrichtung wird von einer kontinuierlich laufenden Kette angetrieben.

Die abgestreifte Fadenreserve wird in einen Sammelbehälter abgesaugt. Nach dem Wechselvorgang werden die Fadenenden der alten und der neuen Spule abgeschnitten und ebenfalls abgesaugt.

2.2.3 Rüti-Buntautomat

Ferner wurde die Arbeitsweise eines mit Schachtmagazin ausgerüsteten Rüti-4-Farben-Buntautomaten (Abb. 7 und 8) untersucht. Der mit einseitigem, vierzelligem Schützenkasten und exzentergesteuerter Gegenzugschaftmaschine mit zwangsläufiger Betätigung der Schäfte (Offenbach-Doppelhub-Prinzip) ausgerüstete Automat arbeitet ebenfalls mit Schußspulen, die mit Spitzenreserven versehen sind. Ein Umpacken der auf dem Schußspulautomaten gepackten Spulenkästen ist hier allerdings erforderlich. Der Webautomat arbeitete mit 136 U/min bei einer Blattbreite von 190 cm.

Die nach Farbe, Garnnummer oder dgl. unterschiedlichen Schußspulen werden in vier senkrechte Spulenkanäle von Hand eingelegt. Bei Leerlaufen einer Schußspule wird über einen elektrischen Tastfühler und ein Relais ein Stromkreis so lange geschlossen, bis ein Magnet den Wechsel der Spule aus dem betreffenden Kanal einleiten kann. Eine mit dem Schützenwechsel gekoppelte Einrichtung gibt diesen Spulenkanal frei. Die Schußspule fällt auf ein Spulenleitblech und wird in Bereitschaft gebracht. Vor dem eigentlichen Spulenwechsel erfolgt das Abstreifen der Spitzenbewicklung der Schußspule durch eine Abziehhülse mit Abziehkrone in ähnlicher Weise wie im Abschnitt 2.2.2 beschrieben.

Im Gegensatz aber zu den unter 2.2.1 und 2.2.2 beschriebenen Einrichtungen zwingt der Betrieb mit mehreren verschiedenen Schußgarnarten dazu, daß das Abstreifen der Fadenreserve sehr rasch vor sich geht. Hierfür ist eine besonders gut ausgebildete, sicher arbeitende Abstreifvorrichtung Voraussetzung. Ihr Antrieb erfolgt über einen Exzenter der Schlagexzenterwelle.

Für die Untersuchungen fanden zwei unterschiedliche Konstruktionen der Abstreifkrone Verwendung (Abb. 9). Während die Krone a – nur teilweise geschlitzt – eine zwar stabile, aber wenig elastische Ausführung darstellt, ist die Krone b nahezu ganz aufgeschlitzt und mit einem auf ihren Rand aufgesetzten Gummiring elastisch. Der zentrale Anpreßdruck der Kronensegmente ist bei der letzteren Einrichtung deshalb regulierbar.

2.3 Automatenhülsen

Für die Versuche wurden Webautomaten-Schußhülsen mit 220 mm Länge, Kegelansatz und normaler Schaftrillung aus Hartholz verwendet. Die Schaftlänge betrug 135 mm, die Kegellänge 40 mm.

Ein Teil der Hülsen hatte eine glatte, leicht konische Schaftspitze ohne Metallbeschlag, der andere Teil hatte einen schwach konischen Metallbeschlag von ca. 24 mm Länge für die Spitzenreserve. Die letztere Ausführung war in sich unterschiedlich, indem sich auch Hülsen mit konkaver Ausbuchtung des Beschlages vorfanden. Somit konnten drei verschiedene Spulenarten einander gegenübergestellt werden.

2.4 Versuchsgarne und Versuchsgewebe

Für die gestellte Aufgabe wurden als Schußgarne Flachs- und Flachswerggarne verschiedener Nummer, roh, gebleicht und gefärbt ausgewählt:

Flachswerggarn	Nm 4,8	(210 tex)	½gebleicht	Trockengespinst
Flachswerggarn	Nm 12	(84 tex)	roh	Naßgespinst
Flachswerggarn	Nm 12	(84 tex)	¾gebleicht	Naßgespinst
Flachswerggarn	Nm 12	(84 tex)	gefärbt	Naßgespinst
Flachsgarn	Nm 21	(48 tex)	¾gebleicht	Naßgespinst
Flachsgarn	Nm 30	(34 tex)	½gebleicht	Naßgespinst

Die Schußgarne waren durchweg von guter Qualität.
Als Kettgarne wurden gebleichte Baumwollgarne verwendet, und zwar für den Dornier-Automaten Nm 28 (36 tex) bei einer mittleren Dichte von 24 Fd/cm und für die Rüti-Automaten Nm 34 (30 tex) bei einer Dichte von 31 Fd/cm jeweils auf die Rohware bezogen.

3. Versuchsausführung

3.1 Einsatz der Garne

Um den Rahmen des Versuchs in tragbarem Ausmaß zu halten und aus versuchstechnischen Gründen, konnten nicht alle in Abschnitt 2.4 angegebenen Leinengarne an allen Spul- und Ladeeinrichtungen eingesetzt werden.
Lediglich an dem Dornier-Automaten mit +GF+ Fischer-Ladeeinrichtung sind sämtliche Leinenschußgarne mit dem gröberen Baumwollkettgarn Nm 28 (36 tex) zu leinwandbindigen Geweben verarbeitet worden.
Die relativen Schußdichten betrugen einheitlich 4,2, woraus unter Einbeziehung der in Klammern genannten Ist-Nummern folgende absolute Dichten resultieren:

Flachswerggarn	Nm 4,8	(5,2)	½weiß	9,5 Fd/cm
Flachswerggarn	Nm 12	(12,6)	roh	15,0 Fd/cm
Flachswerggarn	Nm 12	(14,4)	¾weiß und gefärbt	16,0 Fd/cm
Flachsgarn	Nm 21	(23,9)	¾weiß	20,5 Fd/cm
Flachsgarn	Nm 30	(35,0)	¾weiß	25,0 Fd/cm

An dem Rüti-Automaten mit Boxloader konnten nur Kurzversuche zur Bestätigung der am Dornier-Automaten gewonnenen Erkenntnisse vorgenommen werden. Auf dem Rüti-Buntautomaten wurde das Leinenschußgarn Nm 12 (84 tex), ¾ weiß, mit dem Baumwollkettgarn Nm 34 (30 tex) und ein rot gefärbtes Baumwollschußgarn Nm 28 (36 tex) zu einem gleichseitigen Köper verwebt.

3.2 Spulspannungen

Vor Beginn der Versuche wurden für die einzelnen Garnnummern die Spulspannungen ermittelt, die ausreichend waren, um bei einwandfreier Einstellung der Schlagstärke und Schützenbremsung auf den Webautomaten ein Abschlagen von Garnlagen bzw. ein Auseinanderreißen von Spulen mit Sicherheit zu vermeiden. Außer diesen »normalen Spulspannungen« wurden vergleichsweise überhöhte Spulspannungen angewandt, um ihre Auswirkung auf den Abstreifvorgang festzustellen. In Tab. 1 und Abb. 10 sind diese Spulspannungen eingetragen, wobei das Diagramm auch das Ablesen der entsprechenden Spulspannungen für die Zwischengarnnummern ermöglicht.

Tab. 1 Spulspannungen in p

Schußgarn		Spulspannung	
		normal	überhöht
Flachswerggarn	Nm 4,8 (210 tex)	130	215
Flachswerggarn	Nm 12 (84 tex)	90	150
Flachsgarn	Nm 21 (48 tex)	55	90
Flachsgarn	Nm 30 (34 tex)	45	75

3.3 Beobachtungen während der Versuche

Die folgenden Faktoren beeinflussen das Abziehen der Spitzenreserve und wirken sich dementsprechend auf das einwandfreie Arbeiten der Ladeeinrichtung aus:
Garnmaterial, Garnfeinheit und Garnvorbehandlung; Spulspannung, Lage und Art der Spitzenbewicklung; Art der Automatenhülsen; Art der Abzugsvorrichtung und Geschwindigkeit des Abzugsvorganges.
Auf alle diese Faktoren erstreckten sich die Beobachtungen und Feststellungen in den durchgeführten Versuchen.
Die relative Luftfeuchtigkeit im Websaal schwankte während der Versuchszeit zwischen 78 und 80%, die Lufttemperaturen zwischen 22 und 24°C.

4. Versuchsergebnisse

4.1 Fischer-Ladeeinrichtung

4.1.1 Einfluß der Ausführung der Spitzenreserve

Die günstigste Lage der Spitzenbewicklung wurde mit Hilfe einer der Ladeeinrichtung zugehörigen Lehre eingestellt.
Breite und Stärke der Spitzenbewicklung richten sich nach der Garnnummer. Ein dünnes Garn erfordert eine längere, ein dickeres Garn eine kürzere Wickellänge.
Aus Vorversuchen ging eindeutig hervor, daß die Spitzenbewicklung nicht flach, sondern gewölbt sein muß. Flache Spitzenbewicklungen lassen sich nicht mit genügender Sicherheit abziehen.

4.1.2 Einfluß der Spulmaschine

4.1.2.1 Fixierung des Fadenendes

Die durch den Schweiter-Schußspulautomaten in die Spitzenreserve eingeschobenen Fadenenden des wenig dehnungsfähigen, steifen und glatten Leinengarns springen während des Spulentransportes und durch Erschütterungen der Spulenkästen auf den Webautomaten sowie der Spulen in den Spulenführungen leicht los. Durchschnittlich lösten sich mehr als 50% der Spitzenbewicklungen dieser Art.
Bei dem Schlafhorst-Autocopser Typ ASE genügt die einfache Schlinge, bei der das Fadenende unter der letzten Windung des Spitzenwickels liegt, nicht, um ein Lösen der Fadenenden zu vermeiden. Ein Lösen des durch die Doppelschlinge gesicherten Fadenendes der Spitzenbewicklung kommt, wie die Untersuchungen zeigten, bei Leinengarnen nur vereinzelt (3–5%) vor.
Rohgarne sind in dieser Hinsicht empfindlicher als gebleichte und gefärbte Garne, gröbere Garne wiederum anfälliger als feinere Garne. Eine Behinderung der Weiterverarbeitung durch gelöste Fadenenden war nur teilweise festzustellen.

4.1.2.2 Haftung der Spitzenreserve

Die durch den Schweiter-Schußspulautomaten Type MS gebildeten Spitzenbewicklungen lassen sich auch bei Anwendung hoher Spulspannungen vergleichsweise leicht von der Hülsenspitze abziehen.
Demgegenüber ist die Spitzenbewicklung bei den auf dem Schlafhorst-Autocopser Typ ASE hergestellten Schußspulen beträchtlich härter. Bei dem benutzten Spulautomaten war die Härte der Spitzenbewicklung nur gemeinsam mit der Spulspannung

Tab. 2 Abzugskräfte für Spitzenreserven

Schußgarn	Hülsenart	Spulautomat	Spulspannung p	Abzugskraft p
Flachswerg, ¾weiß Nm 12 (84 tex)	ohne Beschlag	Schweiter	90 150	810 1 350
		Schlafhorst	90 150	1 040 1 960

regulierbar. Mit Rücksicht auf die für das Weben erforderliche Härte der Schußspulen sind der Herabsetzung der Spulspannung Grenzen gesetzt. Eine Möglichkeit, die Fadenspannung während der Bildung der Spitzenreserve gesondert zu beeinflussen, wäre wünschenswert.

Tab. 2 gibt vergleichsweise die Höhe der für das Abstreifen der Spitzenreserven erforderlichen Kraft bei Einsatz von Flachswerggarn Nm 12, ¾ gebleicht, wieder.

Die Abzugskräfte betrugen bei den Spulen des Schweiter-Automaten 810 p bei 90 p Spulspannung und 1350 p bei 150 p Spulspannung, bei den Spulen des Schlafhorst-Automaten 1040 bzw. 1960 p*.

Einen wichtigen Beitrag zur Beurteilung der Ladeeinrichtung einerseits und der Spitzen-Fadenreserve andererseits liefert die Häufigkeit der sicheren Abstreifung der Reserve je 100 Fälle.

Bei der hier beschriebenen Fischer-Ladeeinrichtung ist der Vorgang leicht zu beobachten. Da eine ausreichende Zeit zwischen dem Abziehen der Fadenreserve und dem Einschlag der Spule in den Webschützen zur Verfügung steht, konnte in den Fällen, in denen das Abstreifen der Reserve nicht beim ersten Mal gelang, der Vorgang durch zusätzliche Betätigung der Steuerung wiederholt werden.

Aus Tab. 3 ist ersichtlich, daß bei dem Flachswerggarn Nm 12, ¾ gebleicht, bei normaler Spulspannung ein völlig einwandfreies Arbeiten erzielt wurde, während bei erhöhter Spannung der Spulen des Schlafhorst-Autocopsers in 12 von 100 Fällen eine Wiederholung des Abstreifens notwendig war, d. h. in der Praxis ein Stillstand des Webautomaten eingetreten wäre.

Tab. 3 Häufigkeit des Abstreifvorganges

Schußgarn	Hülsen- art	Spul- automat	Spul- spannung p	Abstreifen		
				1mal	2mal	über 2mal
Flachswerg, ¾ weiß Nm 12 (84 tex)	ohne Beschlag	Schweiter	90	100	–	–
			150	100	–	–
		Schlafhorst	90	100	–	–
			150	88	12	–

4.1.3 Einfluß der Automatenhülse

Dieser Einfluß und die folgenden in dem Bericht behandelten Probleme wurden mit Schußspulen des Schlafhorst-Autocopsers ASE untersucht.

Die drei miteinander zu vergleichenden Automatenhülsen, Hülsen mit leicht konischem Schaft ohne Metallbeschlag, Hülsen mit schwach konischem Metallbeschlag und Hülsen

---

* Zur Erfassung der Kraft, die zum Abziehen der Spitzenreserve erforderlich ist, diente eine einfache Einrichtung, bestehend aus einer Zugfeder, einem zentral arbeitenden Abstreifer (Rüti-Abstreifer) und einer geeichten Meßskala. Die einseitig befestigte Zugfeder nimmt an ihrem freien Ende den Abstreifer auf. Die Schußspulen wurden mit den zu prüfenden Spitzenreserven in den Abstreifer gesteckt und die Spitzenreserve durch Ziehen in Gegenrichtung unter allmählicher Steigerung der Federkraft zum Abgleiten gebracht. Die dabei in Erscheinung tretende Kraft konnte nach dem Prinzip der Federwaage auf der Skala abgelesen werden.

mit konkaver Ausbuchtung des Metallbeschlages haben hinsichtlich der Versuchsergebnisse deutliche Unterschiede gezeigt.

Bereits bei der Erfassung der Kräfte, die zum Abziehen der Spitzenreserve erforderlich sind, ergaben sich markante Merkmale. In Tab. 4 und Abb. 11 sind für Flachswerggarn Nm 12 (84 tex), ¾weiß, die Abziehkräfte für Spulspannungen von 90, 120 und 150 p enthalten.

Tab. 4   Abzugskräfte für Spitzenreserven

Schußgarn	Hülsenart	Spulspannung p	Abzugskraft p
Flachswerg, ¾weiß Nm 12 (84 tex)	ohne Beschlag	90	1 040
		120	1 510
		150	1 960
	konischer Metall-Beschlag	90	630
		120	950
		150	1 260
	konkaver Metall-Beschlag	90	1 350
		120	1 910
		150	2 450

Von Hülsen mit konischem Metallbeschlag lassen sich die Spitzenreserven am leichtesten abstreifen. Gemessen wurden Werte von 630, 950 und 1260 p. Erheblich höher sind die Abzugskräfte bei Hülsen ohne Metallbeschlag. Sie betrugen 1040, 1510 und 1960 p. Hülsen mit konkavem Beschlag und damit gegenläufiger Konizität an der Spitze bewirkten die höchsten Abzugskräfte von 1350, 1910 und 2450 p.

Entsprechend der experimentell gefundenen Abzugskräfte vollzog sich das Abziehen der Spitzenreserven beim Weben, wie Tab. 5 zeigt.

Tab. 5   Häufigkeit des Abstreifvorganges

Schußgarn	Hülsenart	Spulspannung p	Abstreifen 1mal	2mal	über 2mal
Flachswerg, ¾weiß Nm 12 (84 tex)	ohne Beschlag	90	100	–	–
		150	88	12	–
	konischer Metall-Beschlag	90	100	–	–
		150	92	8	–
	konkaver Metall-Beschlag	90	70	30	–
		150	40	44	16

Bei 90 p Spulspannung wurden von den jeweils herangezogenen 100 Schußspulen sowohl bei Hülsen ohne Metallbeschlag als auch bei Hülsen mit konischem Metallbeschlag sämtliche Spitzenreserven einwandfrei abgezogen, bei Hülsen mit konkavem Metallbeschlag nur 70 Spulen. Von den restlichen 30 Spulen löste sich die Spitzenreserve erst nach zweifachem Abstreifen. Deutlicher treten die Unterschiede bei 150 p Spulspannung hervor. Auf Hülsen mit konischem Metallbeschlag mußten von 100 acht Spitzenreserven zweimal abgestreift werden. Spulen auf Hülsen ohne Beschlag benötigten in 12 von 100 Fällen ein doppeltes Abziehen. Bei Hülsen mit konkaver Spitze waren bei insgesamt 100 Spulen der Abziehvorgang in 44 Fällen zweimal und in 16 Fällen mehrfach zu wiederholen.

4.1.4 Einfluß der Spulspannung

Neben der Ausführung der Automatenhülse hat die Spulspannung einen wesentlichen Anteil an der Sicherheit für die Entfernung der Spitzenreserve.

Tab. 6 Häufigkeit des Abstreifvorganges

(Hülsen ohne Metallbeschlag)

Schußgarn			Spulspannung p	Abstreifen		
				1mal	2mal	über 2mal
Flachswerg, ½ weiß Nm 4,8 (210 tex)			130	100	–	–
			215	97	3	–
Flachswerg Nm 12 (84 tex)	roh		90	100	–	–
			150	90	10	–
	¾ weiß		90	100	–	–
			150	88	12	–
Flachswerg Nm 12 (84 tex) gefärbt	hellgrün		90	96	4	–
			150	50	50	–
	mittelblau		90	92	8	–
			150	55	44	1
	dunkelblau		90	84	16	–
			150	45	55	–
Flachs, ¾ weiß Nm 21 (48 tex)			55	66	30	4
			90	16	62	22
Flachs, ½ weiß Nm 30 (34 tex)			45	75	25	–
			75	15	65	20

Tab. 6 zeigt für alle zum Einsatz gekommenen Versuchsgarne die erforderliche Häufigkeit des Abstreifens der Spitzenreserven von Hülsen ohne Metallbeschlag in Abhängigkeit von der Spulspannung. Ausnahmslos beeinflußt eine Erhöhung der Spulspannung den Abstreifvorgang negativ. Zieht man zum Vergleich das Werggarn Nm 12 (84 tex) heran, so geht die Zahl der einwandfreien Abzüge nach Erhöhung der Spulspannung von 90 auf 150 p beim Rohgarn von 100 auf 90, beim gebleichten Garn von 100 auf 88 und besonders auffällig bei den gefärbten Garnen von im Mittel 90 auf 50 zurück.

Die Spulspannung muß demnach so niedrig gehalten werden, wie es die webtechnisch erforderliche Härte und Stabilität der Spule zuläßt. Nur so können Stillstände durch nicht abgestreifte Fadenreserven vermieden bzw. reduziert werden, abgesehen von der Verminderung der Fadenbrüche beim Schußspulen, Vermeidung möglicher Überdehnungen des Garns und Verringerung des Verschleißes an Teilen des Schußspulautomaten.

4.1.5 Einfluß der Garnart

Nicht bei allen Garnen hat die Beschränkung der Spulspannung auf das für die Härte der Spule notwendige Maß ein sicheres Abstreifen der Fadenreserve bewirkt. Tab. 7 zeigt die erforderliche Häufigkeit des Abstreifens der Spitzenreserve von der Automatenhülse ohne Metallbeschlag bei Normal-Spulspannung für alle zum Einsatz gekommenen Garne.

Tab. 7 Häufigkeit des Abstreifvorganges

(Hülsen ohne Metallbeschlag)

Schußgarn		Spulspannung p	Abstreifen		
			1mal	2mal	über 2mal
Flachswerg, ½ weiß Nm 4,8 (210 tex)		130	100	–	–
Flachswerg Nm 12 (84 tex)	roh	90	100	–	–
	¾ weiß	90	100	–	–
Flachswerg Nm 12 (84 tex) gefärbt	hellgrün	90	96	4	–
	mittelblau	90	92	8	–
	dunkelblau	90	84	16	–
Flachs, ¾ weiß Nm 21 (48 tex)		55	66	30	4
Flachs, ½ weiß Nm 30 (34 tex)		45	75	25	–

Während der Abstreifvorgang bei gröberen Garnen vergleichsweise als gut zu bezeichnen war, wobei die gefärbten Garne eine Ausnahme darstellen, waren bei feineren Garnen, Flachsgarn Nm 21 (48 tex), ¾ weiß, und Flachsgarn Nm 30 (34 tex), ½ weiß, trotz größerer Reservefadenlängen zahlreiche Fehlabstreifungen zu verzeichnen. Von

100 Spulen wurde die Fadenreserve bei Flachsgarn Nm 21 (48 tex) lediglich in 66 Fällen sofort, in 30 Fällen nach zweimaligem und in vier Fällen nach mehrfachem Vorgang abgestreift. Bei Flachsgarn Nm 30 (34 tex) wurden 75 Fadenreserven einwandfrei abgezogen, während 25 einen doppelten Abstreifvorgang erforderten.

Bei nur 66 bzw. 75 einwandfreien Abzügen von insgesamt 100 ist ein guter Nutzeffekt des Webautomaten nicht zu erreichen, während eine weitere Verminderung der Spulspannung nicht möglich ist.

Um einen höheren Sicherheitsfaktor bei der Verarbeitung feinerer Garne zu erzielen, wäre es nötig, die Steuerung der Pneumatik bei der Fischer-Ladeeinrichtung zu modifizieren. In Betracht käme die Anbringung doppelter Nocken auf zwei der Steuerexzenter, nämlich für die Ventile, welche die Bewegung des Abstreifers über die Spitzenreserve und das Abstreifen der Reserve von der Spulenspitze bewirken. Dadurch wäre erreicht, daß der Abstreifvorgang in jedem Fall doppelt ausgeführt wird. So würden sich in dem angeführten Fall der Flachsgarne Nm 21 (48 tex) und Nm 30 (34 tex) die Zahl der einwandfreien Abzüge auf 96 bzw. 100 erhöhen.

Zudem sollten bei feineren Garnnummern Automatenhülsen mit konischem Metallbeschlag Verwendung finden, die, wie im Abschnitt 4.1.3 dargelegt ist, dem Abstreifen der Spitzenreserve den geringsten Widerstand entgegenbringen.

Als Ursache des schwierigen Abzugs der Fadenreserve bei den feineren Garnen im Vergleich zu den gröberen ist die vergrößerte Auflage des dünneren Garns auf der Hülse anzusehen, wodurch die Haftung der Fadenreserve an der Schaftspitze erhöht wird.

Das Verhalten der beiden feineren Flachsgarne entspricht – untereinander verglichen – nicht der Erklärung im vorstehenden Abschnitt. Es sei dahingestellt, ob der Verhaltensunterschied ein zufälliger ist oder so gedeutet werden kann, daß die intensivere Bleiche des Garns Nm 21 (48 tex) diesem einen weicheren Ausfall und dementsprechend eine festere Haftung am Spulenschaft verliehen hatte.

Auffällig ist, wie Tab. 7 zeigt, das Verhalten der gefärbten Garne Nm 12 (84 tex). Bei normaler Spulspannung geht die prozentuale Zahl der einwandfreien Abzüge der Spitzenreserve je nach Farbton – vom helleren zum dunkleren – von 100 Fällen des gebleichten Garns auf 96 bzw. 92 bzw. 84 Fälle beim gefärbten Garn zurück. Hierfür scheint der Einfluß der Farbintensität, der eine festere Haftung des tiefer eingefärbten Garns an der Hülse bewirkt, verantwortlich zu sein. Auch hier sind Doppelnocken für die genannten Exzenter der Programmsteuerung und Hülsen mit konischem Metallbeschlag sinnvoll. Da je nach Färbung die Haftung der Spitzenreserven voneinander stark abweicht, sollte bereits beim Spulen auf die Festigkeit der Reserve geachtet werden. Die Spitzenreserve muß sich von Hand leicht verschieben lassen.

4.1.6 Abquetschen des Fadens

Ein Abquetschen des Schußfadens durch die Abstreifeinrichtung konnte weder bei den gröberen noch bei den feineren Garnen festgestellt werden.

Eine Beschädigung des Schußfadens ist bei unrichtiger Einstellung der Spulmaschine dann denkbar, wenn sich zwischen Spulenaufbau und Spitzenbewicklung zu viele Garnwindungen bilden und damit die Wahrscheinlichkeit wächst, daß die Backen der Abstreifvorrichtung bei Einklemmen des Hülsenschaftes auf eine Fadenwindung treffen und sie abquetschen. Ferner besteht die Gefahr der Garnbeschädigung bei zu hohem Anpreßdruck der Abstreiferbacken, bei ihrer nicht zentrischen Einstellung (Beachtung der Einstellvorschrift für die automatische Fischer-Ladeeinrichtung) sowie bei ungeeignetem, zu hartem Abstreifermaterial.

4.2 Rüti-Boxloader

Die an der Fischer-Ladevorrichtung gemachten, beschriebenen Ergebnisse gelten hinsichtlich Ausführung der Spitzenreserve und Fixierung des Fadenendes auch für die Rüti-Boxloader-Vorrichtung.

Die Rüti-Ladeeinrichtung bewirkt eine langsam verlaufende, exakte Abstreifung der Spitzenreserve. Im Gegensatz zur Fischer-Einrichtung sind die Rüti-Ausführungen mit Boxloader gegen Spulspannungen, wahrscheinlich durch die konzentrisch axial erfolgende Abstreifung, nahezu unempfindlich. Die Einflüsse von Spulmaschine, Spulspannung und Garnart sind nur gering. Zur Schonung der Abstreifer und zur Vermeidung von Stillständen, die auf beschädigte Abstreifkronen zurückzuführen sind, sei jedoch die Einhaltung der richtigen Spulspannung empfohlen. Automatenhülsen mit konkaver Ausbuchtung der Hülsenspitze sind auch bei dieser Einrichtung unbrauchbar. Die sichere Arbeitsweise der Boxloader-Einrichtung wurde bereits mit der unelastischen Abstreifkrone a, siehe Abb. 9, erzielt.

4.3 Rüti-Spitzenreserve-Abstreifung am Buntautomat

Der mit Schachtmagazinen ausgerüstete Rüti-Buntautomat verwendet ebenfalls Schußspulen mit Fadenreserve an der Hülsenschaftspitze. Das Arbeiten mit mehreren Schützen erfordert eine sehr schnell wirkende Abstreifeinrichtung. Zu der Erschwerung des Vorganges durch die Kürze der für ihn zur Verfügung stehenden Zeit kommt beim Buntautomaten die Verarbeitung verschiedener Garne in vorgeschriebenem Wechsel, wobei Spitzenreserven auftreten können, die zu ihrer Abstreifung unterschiedliche Kräfte benötigen. Diese Umstände verlangen ein besonders gut ausgebildetes Abstreiforgan, das eine genügende Sicherheit des schnellen Vorganges garantiert.

Die in dieser Richtung erprobten Abstreiferausführungen sind in Abschnitt 2.2.3 beschrieben und in Abb. 9 gezeigt worden.

Als Versuchsgarne dienten Flachswerggarn Nm 12 (84 tex), ¾gebleicht, und Baumwollgarn Nm 28 (36 tex), gefärbt, zur Herstellung einer achtschäftigen Geschirrtuchware. Das gebleichte Flachswerggarn, das als Grundmaterial Verwendung fand, wurde auf drei Magazinschächte verteilt, das gefärbte Baumwollgarn für die Effektstreifen in den vierten Magazinschacht gefüllt.

Die Schußspulen waren wiederum mit normaler und hoher Spulspannung hergestellt, nämlich mit 90 und 150 p für das Flachswerggarn Nm 12 (84 tex) und 40 und 65 p für das gefärbte Baumwollgarn Nm 28 (36 tex). Als Automatenhülsen dienten Hülsen ohne Metallbeschlag.

Die Kräfte zum Abstreifen der Reserven weichen bei den beiden Garnen erheblich voneinander ab. Für das Flachswerggarn Nm 12 (84 tex), ¾gebleicht, wurden 1040 bzw. 1960 p – siehe Tab. 4 – und für das Baumwollgarn Nm 28 (36 tex), gefärbt, 2110 bzw. 3350 p gemessen. Der kleinere der beiden Werte gilt jeweils für die niedrigere Spulspannung.

Zunächst kam die wenig elastische Ausführung der Abstreiferkrone (a in Abb. 9) zum Einsatz, die sich bei den Versuchen mit der Boxloader-Einrichtung bewährt hatte. Variierungsmöglichkeiten hinsichtlich der Einspannung dieser Abstreifkrone sind nicht gegeben, sie ist mit der Abstreiferhülse fest verschraubt.

Das Abstreifen der Fadenreserve erfolgte für alle vier Versuchsfälle ohne Fehler, d. h., daß die Spitzenreserven der jeweils geprüften 100 Schußspulen sicher abgestreift wurden. Selbst das gefärbte Baumwollgarn, das große Kräfte zum Abziehen erforderte, bereitete keinerlei Schwierigkeiten.

Nachteilig erwies sich allerdings ein häufiges Ausbrechen einzelner Segmente, das jeweils ein Auswechseln der Abstreifkrone notwendig machte. Ihre Laufzeit ist nur kurz und beträgt, wie die Praxis zeigt, oft nur 1–2 Tage. Die Ursache für die geringe Haltbarkeit der Abzugskronen ist ihre unelastische Ausführung, die den auftretenden Abzugskräften während der sehr raschen Abstreifbewegung nicht widersteht*. Die geschlossene Ausbildung des Kronenrandes mindert die federnde Wirkung der fünf Abstreifsegmente.

Neben der unelastischen Abstreifkrone konnte ein neuartiger Abstreifer erprobt werden (b in Abb. 9), der sich durch große Elastizität auszeichnet. Diese wurde dadurch erreicht, daß die fünf Segmente aus geschmeidigem Kunststoff nicht nur bis zum ringförmigen Kronenrand geteilt sind, sondern auch der Rand nahezu vollständig aufgeschlitzt ist. Die Segmentlänge der elastischen Krone beträgt 15 mm, die der Abstreifkrone mit geschlossenem Rand hingegen nur 10 mm. Auf den Abziehkronenrand der elastischen Krone wird vor ihrem Einsatz in die Hülse ein etwa 3,5 mm starker Gummiring aus hochelastischem Material geschoben, der die Segmentspitzen nachgiebig radial zur Spulenachse drückt. Der Gummiring erlaubt eine Veränderung des Anpreßdrucks der Abstreifersegmente auf die Hülse. Gewählt wurden für die Versuche eine weiche, eine mittelharte und eine harte Einstellung.

Der letztbeschriebene Abstreifer b wurde mit den auf S. 16 genannten Garnen und Spulspannungen erprobt. Er arbeitete sowohl bei normaler als auch bei überhöhter Schußspulspannung, bei lockerer und fester Einspannung der Abstreifkrone völlig einwandfrei und eignet sich für Leinen- und Baumwoll-Schußgarne gleich gut.

Im Vergleich zur Abstreiferkrone mit geschlossenem Rand hat der elastische Abstreifer eine hohe Lebensdauer. Trotzdem sollten auch hier die in Tab. 1 genannten normalen Spulspannungen, um der Möglichkeit von Beschädigung einzelner Segmente der Abstreifkrone durch hohe Abzugskräfte vorzubeugen, beachtet werden.

Ein Abquetschen des Fadens durch die Abstreifvorrichtung des Rüti-Buntautomaten wurde bei einwandfrei hergestellten Spulen (siehe Abschnitt 4.1.6) trotz des raschen Abstreifvorganges nicht beobachtet.

5. Zusammenfassung

Der Bericht behandelt die Verarbeitung von Leinengarnen auf Schußspulen mit Spitzenreserven als Voraussetzung für den Einsatz von Ladeeinrichtungen an Webautomaten. Er bezieht auch die Spitzenreserve-Abzieheinrichtung des Rüti-Buntautomaten ein.

Als Schußgarne wurden in die Untersuchungen Flachswerggarne Nm 4,8 (210 tex) und Nm 12 (84 tex) sowie die Flachsgarne Nm 21 (48 tex) und Nm 30 (34 tex), teils roh, gebleicht und gefärbt einbezogen. In einem Fall wurde auch Baumwollgarn Nm 28 (36 tex), gefärbt, eingesetzt. Das Spulen dieser Garne erfolgte auf Schußspulautomaten unterschiedlicher Konstruktion nach Festlegung in Vorversuchen mit normaler und überhöhter Fadenspannung. Es standen der Schweiter-Schußspulautomat

---

* Der festgestellte Mangel der beschriebenen Abzugskrone trat bei dem mit geringer Geschwindigkeit vor sich gehenden Abzug der Spitzenreserve im Boxloader (Abschnitt 4.2) nicht in Erscheinung.

Typ MS und der Schlafhorst-Autocopser Typ ASE zur Verfügung. Drei Ausführungen von Automatenhülsen konnten einander gegenübergestellt werden. Als Kettgarne dienten gebleichte Baumwollgarne.

In Vorversuchen wurden die Kräfte, die zum Abziehen der Spitzenreserven erforderlich sind, festgestellt. In Webversuchen wurden auftretende Fehler beim Abstreifvorgang registriert.

Die Versuchsergebnisse zeigen, daß die *Ausführung der Spitzenbewicklung* gewölbt sein muß. Flache Spitzenbewicklungen lassen sich nicht mit genügender Sicherheit abziehen. Die *Fixierung des Fadenendes* durch einfaches Einschieben der Fadenenden in die Spitzenreserven erwies sich für Leinengarne als nicht ausreichend. Durch Erschütterungen der Spulenkästen während des Spulentransportes und auf den Webautomaten lösten sich durchschnittlich 50% der Spitzenbewicklungen. Auch eine einfache Schlinge genügte nicht, um ein Lösen der Fadenenden zu vermeiden. Als einigermaßen sichere Befestigung der Fadenenden der Spitzenbewicklungen kann die mit doppelter Schlinge angesehen werden.

Der *Einfluß der Spulmaschinen* war insofern zu beobachten, als der Schweiter-Schußspulautomat Spitzenbewicklungen bildete, die sich auch bei hohen Spulspannungen leicht abschieben ließen. Demgegenüber waren die auf dem Schlafhorst-Autocopser hergestellten Spitzenbewicklungen bei gleicher Spulspannung beträchtlich härter. Während das Abstreifen der Reserven bei der Verarbeitung von Schußspulen der Schweiter-Maschine fehlerlos erfolgte, wurde ein Teil der auf dem Schlafhorst-Schußspulautomaten hergestellten Reserven bei höherer Spulspannung nicht sofort erfaßt.

Zwischen den *drei* miteinander zu vergleichenden *Automatenhülsenausführungen* waren markante Unterschiede vorhanden. Von Hülsen mit gleichmäßig konischem Metallbeschlag lassen sich die Spitzenreserven am leichtesten abstreifen. Höher liegen die Abzugskräfte für die Reserven bei Hülsen ohne Metallbeschlag. Die dritte Hülsensorte, die Hülsen mit konkaver Ausbildung und damit gegenläufiger Konizität des Metallbeschlages umfaßt, ergab die höchsten Abzugskräfte und damit Schwierigkeiten beim Abzug der Spitzenreserven.

Neben der Ausführung der Automatenhülse hat die *Höhe der Spulspannung* einen wesentlichen Anteil auf die Exaktheit, mit der die Spitzenreserven abgezogen werden. Eine hohe Spulspannung beeinflußt den Abstreifvorgang zur negativen Seite. Die Spulspannung sollte so niedrig gehalten werden, wie dies webtechnisch möglich ist. Durch niedrige Spulspannungen werden nicht nur Abstreifschwierigkeiten verringert, sondern auch Fadenbrüche beim Schußspulen reduziert und die Schußspulautomaten geschont. Angaben über geeignete Spulspannungen werden gemacht. Beim Arbeiten mit Spitzenreserven sollte eine tägliche Kontrolle und Abstimmung der Spulspannungen an allen benutzten Spulstellen durchgeführt werden, was bisher keineswegs überall als selbstverständlich gilt.

Auch die *Garnart* hat Einfluß auf das Abstreifen der Fadenreserve. Feinere Garne weisen leichter Fehlabstreifungen auf als gröbere. Gebleichte und damit weichere Garne erschweren das Abziehen der Spitzenreserve. Gefärbten Garnen muß besondere Beachtung geschenkt werden. Je nach Färbung können die Farbstoffpartikelchen eine unterschiedliche Haftung der Spitzenreserve auf der Hülse verursachen.

Die *Fischer- und die Rüti-Ladeeinrichtungen* unterscheiden sich hinsichtlich des Abstreifens der Spitzenreserven grundsätzlich voneinander. Während die Fischer-Einrichtung auf die Kraft, die zum Abziehen der Spitzenreserve erforderlich ist, stark reagiert, ist die Rüti-Einrichtung durch das konzentrisch in Axialrichtung des Hülsenschaftes vor sich gehende Abstreifen dagegen nahezu unempfindlich. Zur Vermeidung von Beschädigungen der Abstreifkronen sei aber auch im letzteren Falle die Einhaltung normaler

Spulspannungen empfohlen. Für die Fischer-Ladeeinrichtung wird zur Erhöhung der Sicherheit des Abstreifvorganges insbesondere bei Verarbeitung feiner Garne die Anbringung doppelter Nocken für die Steuerung der Abstreifbewegung zweckmäßig sein. Der *Rüti-Buntautomat* verlangt eine sehr rasch und deshalb sehr sicher arbeitende *Abstreifeinrichtung* für die Spitzenreserve. Die an dem Rüti-Buntautomaten wirkende Einrichtung wurde alternativ mit zwei in ihrem elastischen Verhalten unterschiedlichen Abziehkronen untersucht. Beide erwiesen sich bei der Verarbeitung von Leinen- und Baumwollgarnen hinsichtlich Sicherheit des Abstreifvorganges einwandfrei. Im Hinblick auf die Lebensdauer ist die elastische Ausführung der festeren Abziehkrone in jedem Falle vorzuziehen.

Ein *Abquetschen des Schußfadens* durch die Abstreifvorrichtungen wurde bei keiner der untersuchten Einrichtungen festgestellt.

Die Arbeit ist durch einen Zuschuß des Herrn Ministerpräsidenten des Landes Nordrhein-Westfalen – Landesamt für Forschung – ermöglicht worden. Für diese Förderung sei an dieser Stelle der Dank des Instituts ausgesprochen. Für die Unterstützung bei der Durchführung der Versuche wird der Firma Carl Gansz & Cie., Emsdetten, gedankt.

6. Abbildungen zu Teil I

Abb. 1 +GF+ Ladevorrichtung am Dornier-Webautomaten

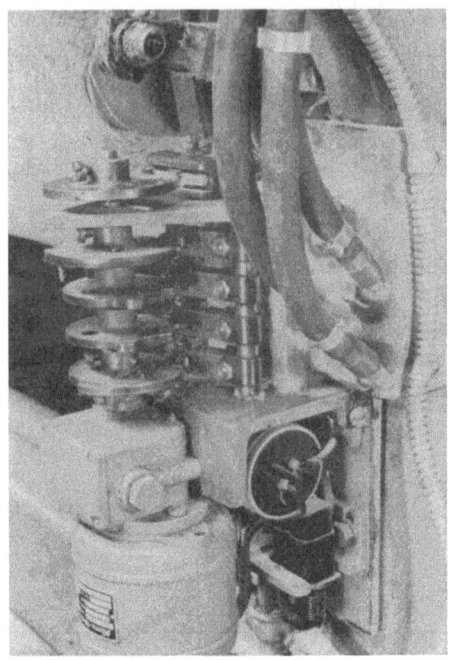

Abb. 2 +GF+ Ladevorrichtung Steuereinrichtung

Abb. 3 +GF+ Ladevorrichtung Abstreifeinrichtung

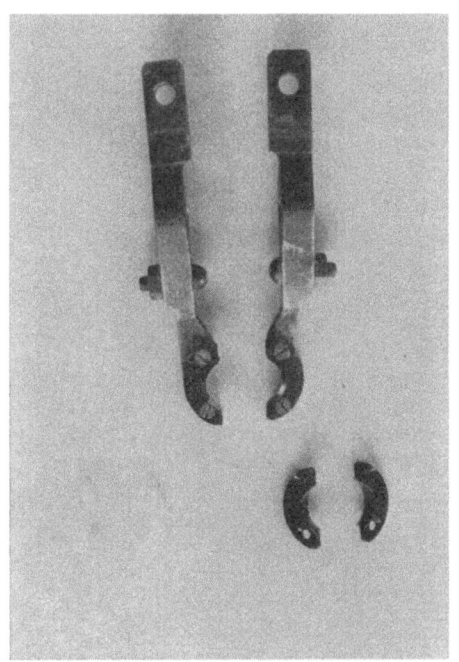

Abb. 4 +GF+ Ladevorrichtung
Abstreifer und Abstreifbacken

Abb. 5 Rüti-Boxloader
Gesamtansicht

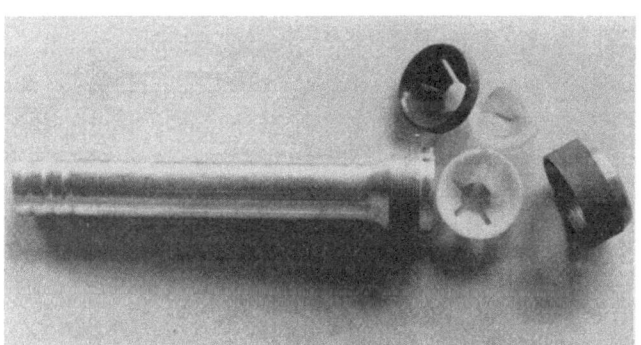

Abb. 6 Rüti-Boxloader
Abstreifereinrichtung

Abb. 7 Rüti-4-Farben-Buntautomat
Vorderansicht

Abb. 8 Rüti-4-Farben-Buntautomat
Rückansicht

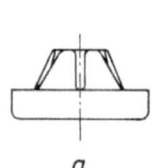 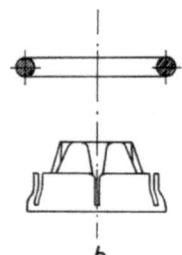

a b

Abb. 9 Rüti-Abstreifkronen

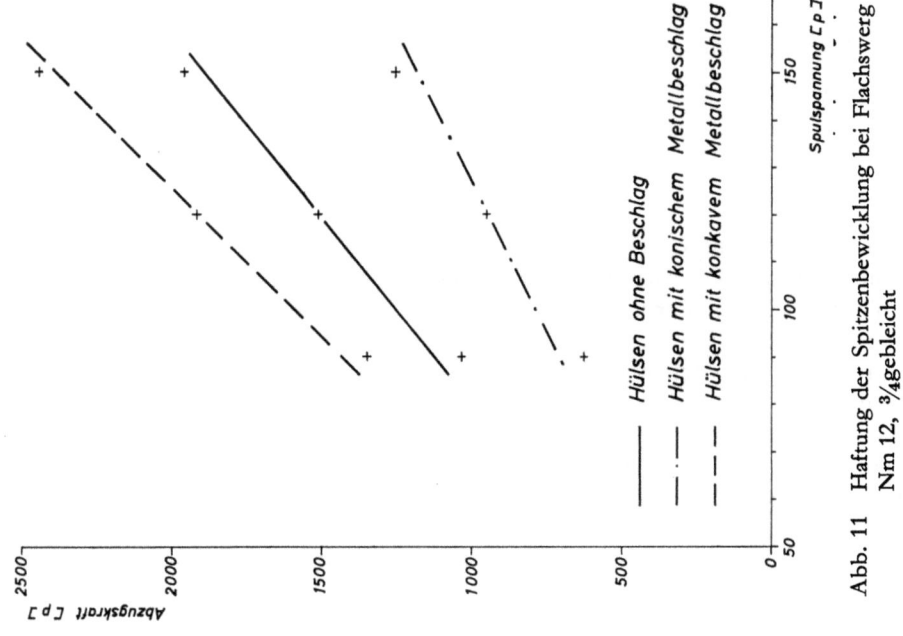

Abb. 11 Haftung der Spitzenbewicklung bei Flachswerg Nm 12, ¾gebleicht

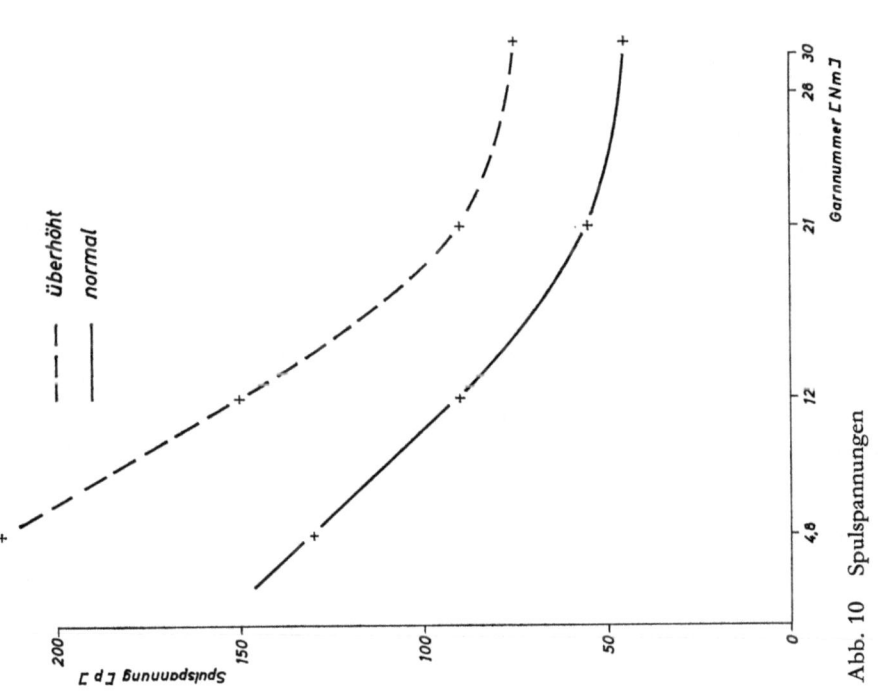

Abb. 10 Spulspannungen

Teil II

*Die Möglichkeit der Verwendung des Unifil-Systems
für die Verarbeitung von Leinenschußgarnen*

1. Einleitung

In einer Forschungsarbeit wurde die Möglichkeit eines universellen Einsatzes des Unifil-Systems zur Verarbeitung von Leinenschußgarnen untersucht.
Unifil-Einrichtungen ersparen die bislang von der Weberei getrennte Schußspulerei. Das Personal wird von Spulentransport, Spulenaufstecken, Hülsentransport und Hülsenreinigung entlastet. Die Vielzahl der sonst im Umlauf befindlichen Schußhülsen wird auf ein Minimum reduziert.
Zur Ausschöpfung der genannten wirtschaftlich bedeutungsvollen Vorteile der Unifil-Spuler bei Verarbeitung von Leinenschußgarnen wurde eine Vielzahl von Untersuchungen angestellt, die sich mit der Aufmachung der Vorlagespulen beginnend, mit der Spannung des Fadens beim Spulen, dem Garnnummerbereich, den auftretenden Störungen während des Spulvorganges und weiterem mehr befaßt hat.

2. Versuchsgestaltung

2.1 Unifil-Spuler

Der Unifil-Spuler (Abb. 1) besteht aus Aufsteckvorrichtung A, Fadenbremse B, Spulaggregat C, Magazin für volle Schußspulen D, Hülsenreiniger E, Hülsenfördervorrichtung F und Hülsenmagazin G.
Die in Großaufmachung angelieferten Schußgarne werden auf eine Halterung A, die hinter dem Spulaggregat seitlich des Webautomaten angeordnet ist (Abb. 2), aufgesteckt. Die Halterung besitzt zwei Aufsteckspindeln, so daß bei geeigneter Ausführung der Kreuzspulen zur Erzielung längerer Laufzeiten das Fadenende der ersten mit dem Anfang der zweiten Vorlagespule verknüpft werden kann.
Das von der Aufsteckvorrichtung kommende Garn wird zu einer Mehrscheiben-Fadenbremse B geführt (Abb. 3) und nach Erfordernis abgebremst.
Der Spulvorgang erfolgt im Spulaggregat C (Abb. 4). Nach Aufbau der nach Bewicklungsbreite und Garnlänge veränderbaren Fadenreserve, wobei das Fadenende unter der Fadenreserve verbleibt, wird die Schußspule je nach Einstellung mit 5, 7 oder 9 Windungen je Hub und 1, $1\frac{1}{4}$ oder $1\frac{3}{4}$ Zoll Hubweg hergestellt. Die Spindeldrehzahl ist in weiten Grenzen von 4500 bis 8000 U/min um je 500 U/min steigend einstellbar. Die vollen Schußspulen gelangen in ein Spulenmagazin D (Abb. 4) und werden nach Bedarf dem Webautomaten zugeführt. Die Garnenden der Spulen werden durch eine Garnenden-Trommel 1 leicht gespannt gehalten. Sobald das Magazin gefüllt ist und die Versorgung des Webautomaten gesichert ist, unterbricht das Spulaggregat den Spulvorgang.
Der Spulenwechsel erfolgt ähnlich wie beim bekannten Spulenwechselautomaten. Die durch den Wechselvorgang ausgestoßenen Hülsen werden in einem Hülsenreiniger E (Abb. 5) von den Resten der Fadenreserve gesäubert. Das Fadenende wird hierbei von einer rotierenden Bürste 2 aufgenommen und der Garnrest auf einen rotierenden

Kegel 3 aufgewickelt. Die aufgewickelten Garnreste werden von dem Kegel in einen Abfallbehälter 4 gestoßen. Nicht vollständig gereinigte Hülsen werden automatisch ausgeschieden.

Die gereinigten Hülsen gelangen in ein Förderfach (Abb. 5) und werden von einem magnetischen Heber 6, der an einem endlosen Förderband 7 angebracht ist, erfaßt und dem Hülsenmagazin zugeführt. Das Hülsenmagazin G (Abb. 4) befindet sich oberhalb der Unifil-Einrichtung. Von hier werden die Hülsen in Spulposition gebracht.

2.1.1 Schußhülsen

Insgesamt waren für den zum Versuch herangezogenen Webautomaten 11 Hülsen im Umlauf, deren Verteilung bei Normallauf der Einrichtung wie folgt war:

Hülsenmagazin	2 Stück
Spulaggregat	1 Stück
Spulenmagazin	5 Stück
Webschützen	1 Stück
Hülsenreiniger	2 Stück

Bei den verwendeten Hülsen handelte es sich um 220 mm lange, von 11,5 auf 18,0 mm Durchmesser konisch verlaufende Hülsen mit zusätzlichen, für den Unifil-Spuler erforderlichen Garnfangklemmen.

2.2 Webautomat

Ein Dornier-Webautomat Typ ASW 4L mit 175 cm Blattbreite wurde mit erforderlichen Zusatzteilen für den Anbau des Unifil-Spulers versehen. Die Montage der Unifil-Einrichtung wurde von einem Leesona-Monteur vorgenommen. Die Drehzahl des Webautomaten betrug 165 U/min.

2.3 Versuchsgarne und Versuchsgewebe

Um die Möglichkeit zu untersuchen, den Unifil-Spuler für die Verarbeitung von Leinenschußgarnen universell einzusetzen, wurden in einheitliche Webketten aus gebleichtem Baumwollgarn Nm 28 (36 tex) bei einer mittleren Kettdichte von 24 Fäden/cm, bezogen auf die Rohware, Leinenschußgarne bei einer einheitlichen relativen Schußdichte von 4,2 eingetragen. Hergestellt wurden Gewebe in Leinwandbindung. Die Blatteinstellbreite betrug 153 cm. Zum Einsatz kamen rohe, gebleichte und gefärbte Leinengarne unterschiedlicher Feinheit, Trocken- und Naßgespinste:

Flachswerggarn	Nm 4,8 (210 tex)	roh	Trockengespinst
Flachswerggarn	Nm 4,8 (210 tex)	½ weiß	Trockengespinst
Flachswerggarn	Nm 12 (84 tex)	roh	Naßgespinst
Flachswerggarn	Nm 12 (84 tex)	¾ weiß	Naßgespinst
Flachswerggarn	Nm 12 (84 tex)	gefärbt	Naßgespinst
Flachsgarn	Nm 21 (48 tex)	¾ weiß	Naßgespinst
Flachsgarn	Nm 30 (34 tex)	½ weiß	Naßgespinst

Reißkraft, Variationskoeffizient der Reißkraft, Reißlänge und Reißdehnung der Garne sind in Tab. 1 enthalten. Es handelt sich durchweg um Garne hoher Qualität.
Die Schußdichten betrugen entsprechend der rel. Dichte von 4,2 und den festgestellten Ist-Nummern bei

Flachswerggarn	Nm 4,8	roh	9,0 Fd/cm
Flachswerggarn	Nm 4,8	½weiß	9,5 Fd/cm
Flachswerggarn	Nm 12	roh	15,0 Fd/cm
Flachswerggarn	Nm 12	¾weiß und gefärbt	16,0 Fd/cm
Flachsgarn	Nm 21	¾weiß	20,5 Fd/cm
Flachsgarn	Nm 30	½weiß	25,0 Fd/cm

Tab. 1 Ausgangs-Garndaten

Garn	Ist-Nr. Nm (tex)	Reißkraft p	Variationskoeffizient der Reißkraft in %	Reißlänge km	Reißdehnung %
Flachswerg, roh Nm 4,8 (210 tex)	4,6 (218)	4 150	17,4	19,1	3,3
Flachswerg, ½weiß Nm 4,8 (210 tex)	5,2 (192)	3 440	12,1	17,9	3,4
Flachswerg, roh Nm 12 (84 tex)	12,6 (79)	1 500	16,8	18,9	2,6
Flachswerg, ¾weiß Nm 12 (84 tex)	14,4 (69)	1 260	15,5	18,2	2,3
Flachs, ¾weiß Nm 21 (48 tex)	23,9 (42)	1 090	17,1	26,0	2,3
Flachs, ½weiß Nm 30 (34 tex)	35,0 (29)	820	23,8	28,7	2,6

Die Schußgarne wurden in Kreuzspulaufmachung angeliefert, teils mit, teils ohne Hülsen. Die Papierhülsen waren teils glatt, teils geprägt, teils perforiert. Bis auf zwei Garne, die nach dem Bleichen hart umgespult worden waren, waren die Garne nur einmal gespult und ungereinigt.

Garn	Aufmachung	
Flachswerg Nm 4,8 roh	glatte Hülse	–
Flachswerg Nm 4,8 ½weiß	ohne Hülse	–
Flachswerg Nm 12 roh	perforierte Hülse	–
Flachswerg Nm 12 ¾weiß	glatte Hülse	hart umgespult
Flachswerg Nm 12 gefärbt	ohne Hülse	–
Flachs Nm 21 ¾weiß	geprägte Hülse	hart umgespult
Flachs Nm 30 ½weiß	ohne Hülse	–

2.4 Beobachtungen und Untersuchungen

Folgende Beobachtungen und Untersuchungen wurden vorgenommen:

Erfassung von Störungen während des Abzuges der Kreuzspulen beim Weben mit Unifil-Spuler,
Ermittlung der Kreuzspulen-Laufzeiten,
Registrierung von Störungen bei der Schußfadenbremsung,
Erfassung von Störungen beim Spulvorgang,
Vergleich der Spulspannungen zwischen Arbeitsweise mit herkömmlichen Schußspulautomaten und Unifil-Spuler,
Gegenüberstellung von Spulenherstell- und Spulenablaufzeiten beim Weben,
Vergleich der Garneigenschaften zwischen Schußspulenherstellung auf dem Unifil-Spuler und auf dem Schlafhorst-ASE-Schußspulautomaten,
Besonderheiten des Gewebeausfalles bei Unifil-Spulern,
Messung der Schußfadenablaufspannungen,
Einfluß der Windungszahl.

3. Versuchsergebnisse

3.1 Garnzufuhr und Fadenbremsung

3.1.1 *Erfassung von Störungen beim Abzug der Kreuzspulen*

Die Art und die Aufmachung des Garns wirken sich auf den Garnablauf aus, wie aus den drei oberen Reihen der Tab. 2 hervorgeht, welche die Zahl der Störungen je 100 000 Schuß und je 100 Schußspulenwechsel des Webautomaten angibt.

Tab. 2 *Unterbrechungen in der Garnzufuhr*

Stillstände	Flachswerggarn						Flachsgarn					
	Nm 4,8 roh		Nm 4,8 ½weiß		Nm 12 roh		Nm 12 ¾weiß		Nm 21 ¾weiß		Nm 30 ½weiß	
a: je 100 000 Schuß b: je 100 Wechsel durch	a	b	a	b	a	b	a	b	a	b	a	b
Spulenaufmachung	–	–	2	0,3	–	–	5	1,9	–	–	–	–
Garn- und Spul- unregelmäßigkeiten	3	0,4	–	–	4	1,3	8	3,0	3	1,9	3	2,8
Auswirkungen des Fadenballons	–	–	2	0,3	–	–	–	–	–	–	–	–
Veränderung der Fadenspannung	1	0,1	4	0,5	–	–	8	3,0	–	–	–	–

Zahl der Wechsel je 100 000 Schuß siehe Tab. 6 und Abb. 7.

Beim Abzug des rohen Flachswerggarns Nm 4,8 (210 tex) mußte festgestellt werden, daß bei dem groben Gespinst infolge starker Ballonbildung Störungen dadurch entstanden, daß sich das Garn unterhalb der senkrecht aufgesteckten Spulen verhängte oder sich um die Einlauföse zur Fadenbremse legte. Durch zweckentsprechende Änderungen vor Beginn des eigentlichen Versuchs konnten die genannten Fehler und die durch sie hervorgerufenen Stillstände vermieden werden, worauf noch näher einzugehen sein wird. Harte Spulenwicklung und die Verwendung glatter, stabiler und zylindrischer Papierhülsen von 17,5 mm ⌀ erwiesen sich für den Ablauf dieses groben Garns als vorteilhaft. Die Kreuzspulen liefen ausnahmslos bis zum Bewicklungsende ab. Durch Knoten im Gespinst traten beim Flachswerg-Trockengarn Nm 4,8 (210 tex) drei Fadenbrüche je 100 000 Schuß auf.

Das ½weiße Flachswerggarn Nm 4,8 (210 tex) war in Kreuzspulen ohne Hülsen angeliefert, es war nach der Bleiche nicht umgespult worden. Beim Ablauf entstanden erhebliche Abfallmengen durch hochgezogene Reste der Garnwicklung. Im Mittel betrug die Garnlänge der Kreuzspulenreste 90 m, wodurch sich eine Gewebeeinbuße von ca. 1,5% ergab*. Zwei Fadenbrüche waren innerhalb 100 000 Schuß auf festgeklemmte Garnlagen des Spulenkerns am Aufnahmedorn als Folge der hülsenlosen Spulenausführung zu verzeichnen. In zwei Fällen entstanden beim Abzug des groben Garns Fadenbrüche durch Umschlingung des Fadens um die Fadeneinlauföse infolge zu starker Ballonbildung.

Beim Flachswerggarn Nm 12 (84 tex), roh, entstanden geringe Garnreste durch das Reißen des Fadens vor Beendigung des Spulenablaufes infolge Hochziehens der letzten Garnlagen. Das Material war auf gelochte, außen glatte, feste zylindrische Hülsen aus Papier von 40 mm ⌀ gespult. Durch die nach dem Umspulen in der Spinnerei erfolgte Trocknung des Garns saßen die Hülsen lose in der Bewicklung. Ein Fadenbruch entstand durch einen beim Spulen übergeschlagenen Faden und drei Brüche durch unsachgemäße Knoten.

Das ¾gebleichte Flachswerggarn Nm 12 (84 tex) wurde auf dünnen, ungelochten, außen glatten, schwach-kegeligen Papierhülsen von ca. 35 mm ⌀ geliefert. Die Kreuzspulen waren derart gefertigt, daß das untere Ende der Hülse mit der Stirnfläche der Spule abschloß, während das obere Ende über die andere Stirnfläche hinausragte. Damit wird bezweckt, daß die Spulen für den Transport zusammengesteckt werden können. Leider ist die Umspulung des Garns wohl nicht immer exakt vorgenommen worden. Die Bewicklung ragte teilweise über das untere Ende der Hülse hinaus. Zudem war während des Transportes der Kreuzspulen eine große Zahl der schwachen Hülsen an den Stirnflächen eingedrückt worden, wodurch der Bewicklungsaufbau zusätzlich gestört war. Ein Verklemmen von Garnlagen beim Aufstecken der Kreuzspulen auf die Aufsteckdorne am Unifil-Spuler war selbst bei größter Sorgfalt nicht zu vermeiden. Fünf Fadenbrüche mußten während 100 000 Schuß infolge der ungünstigen Spulenausführung in Kauf genommen werden. Durch unsachgemäße Knoten mit überlangen Fadenenden und Garnunterbrechungen innerhalb der Kreuzspulen sowie dünner Stellen im Garn entstanden weitere acht Stillstände. Der Faden mußte nach jeder der genannten Unterbrechungen wieder neu in den Fadenspanner eingefädelt werden, was mit einer merklichen Belastung des Webpersonals verbunden war.

Eine kleinere Menge Flachswerggarn Nm 12 (84 tex) lag in verschiedenen Tönungen gefärbt vor. Die Garne ergaben erhöhten Abfall, da sie ohne Hülsen durch den Transport stark deformiert zur Verarbeitung kamen.

---

* Als Aufsteckdorne am Unifil-Spuler dienten konische Holzeinsätze, die zur besseren Haftung der inneren Garnlagen im mittleren Teil mit Filz belegt waren.

Das untersuchte ¾weiße Flachsgarn Nm 21 (48 tex) wurde auf ungelochten, außen schwach geprägten, leicht kegeligen Kreuzspulhülsen aus hartem Papier von ca. 40 mm ⌀ angeliefert. Es war hart umgespult. Garnabfälle entstanden beim Abzug der Spulen nicht. Drei Fadenbrüche auf 100 000 Schuß waren auf Garnunregelmäßigkeiten zurückzuführen. Nur bei diesem Garn lagen beide Fadenenden der Spulenbewicklung frei, so daß ihr Anknoten zur Erzielung längerer Laufzeiten und dadurch weiterer Erleichterung der Bedienung ermöglicht wurde.

Das ½weiße Flachsgarn Nm 30 (34 tex) stand in weicher Kreuzspulaufmachung ohne Hülsen zur Verfügung. Es handelt sich um Spulen, die nach dem Bleichvorgang nicht gesondert umgespult wurden. Die Abfallmengen betrugen je Kreuzspule ca. 10 g, entsprechend einer Garnlänge von über 300 m, und sind als hoch zu bezeichnen. Durch Garnunregelmäßigkeiten entstanden drei Fadenbrüche.

3.1.2 Ermittlung der Kreuzspulen-Laufzeiten

Garnnummer, Bewicklungshärte und Spulendimensionen haben auf die Laufzeiten der Kreuzspulen und somit auf die Häufigkeit des Kreuzspulenwechsels entscheidenden Einfluß. Die festgestellten diesbezüglichen Daten enthält Tab. 3, wobei vorweggenommen sei, daß alle Spulen bis auf die des Flachsgarnes Nm 21 (48 tex), ¾weiß, einen Durchmesser von rd. 170 mm und eine Spulenhöhe von 125 mm (5 Zoll) hatten. Die Spule des angeführten Garns hatte demgegenüber eine Höhe von 150 mm (6 Zoll). Zunächst ist ersichtlich, daß bei den groben Garnen durch den Spulenwechsel, der je 100 000 Schuß sich als 27- bzw. 25mal notwendig erwies, eine erhebliche Belastung des Webers eintritt, der alle 23 bzw. 24 Minuten eine neue Kreuzspule vorzulegen hat. Demgegenüber ist bei den feineren Garnen Nm 21 (48 tex), ¾weiß, und Nm 30 (34 tex), ½weiß, die Belastung des Webers durch den Spulenwechsel gering. Die Häufigkeit wurde mit 3- bzw. 4mal je 100 000 Schuß festgestellt, so daß der Weber alle 3 bzw. 2½ Stunden einzugreifen hatte.

Der Vergleich der Spulen von Flachswerggarn Nm 12 (84 tex), roh und ¾weiß, zeigt den Einfluß der harten Umspulung nach dem Bleichen. Trotz der Größenordnung nach gleicher Garnfeinheit wurde die Häufigkeit des Kreuzspulenwechsels von rd. 13- auf 7mal je 100 000 Schuß, d. h. auf etwa die Hälfte herabgesetzt. Der Weber wurde statt alle 45 nur alle 83 Minuten einmal beansprucht.

Tab. 3 Garnkörper

Schußgarn	Flachswerg				Flachs	
	Nm 4,8 roh	Nm 4,8 ½weiß	Nm 12 roh	Nm 12 ¾weiß	Nm 21 ¾weiß	Nm 30 ½weiß
Ist-Garn-Nr. Nm	4,6	5,2	12,6	14,4	23,9	35,0
Garn-Nettogewicht in g	1 240	1 177	911	1 450	1 983	1 072
Garnlänge in m	5 704	6 120	11 479	20 880	47 394	37 520
Theoretische Laufzeit bei 153 cm Blattbreite und 165 U/min in min	22,6	24,2	45,5	82,8	188,0	148,5
Kreuzspulen je 100 000 Schuß	26,8	25,0	13,3	7,3	3,2	4,1

Schließlich läßt der Vergleich der Garnspulen aus Flachsgarn Nm 21 (48 tex) und Nm 30 (34 tex) den Vorteil sowohl der Umspulung als auch einer Vergrößerung der Spulenmaße in Erscheinung treten. Trotzdem es sich bei dem erstgenannten Garn um das gröbere handelte, lag das Verhältnis der Wechselhäufigkeiten wie 3:4 je 100000 Schuß, und der Weber hatte alle 3 Stunden statt alle 2½ Stunden beim feineren Vergleichsgarn einzugreifen.

3.1.3 Erfassung von Störungen bei der Schußfadenbremsung

Für die Herstellung in ihrer Härte und in ihrem Durchmesser einheitlicher Schußspulen ist die Konstanz der eingestellten Fadenbremsung Voraussetzung.

Zu Beginn der Versuche mit der Unifil-Einrichtung war eine gleichmäßige Fadenbremsung nicht gegeben. Im Vergleich zum weicheren und elastischeren Baumwollgarn sprang der Leinenfaden häufig aus den drei hintereinander geschalteten Bremsscheibenpaaren heraus, wobei eine Normalbremsung durch Selbsteinfädelung nicht immer wieder erreicht wurde. Tab. 2 enthält in der untersten Reihe die Versuchsergebnisse. Innerhalb 100000 Schuß veränderte sich bei dem Versuch mit ¾gebleichtem Flachswerggarn Nm 12 (84 tex) die Fadenspannung in der oben erläuterten Weise in acht Fällen, mit dem ½weißen Flachswerggarn Nm 4,8 (210 tex) in vier Fällen je 100000 Schuß bleibend. Mit diesen beiden Garnen wurde die Versuchsreihe begonnen. Im Laufe der Versuche konnte durch Verbesserungen des Garneinlaufes und der Bremsscheibenteller, wie Tab. 2 zeigt, eine gleichmäßige Fadenbremsung herbeigeführt werden. Nur bei Garn Nm 4,8 (210 tex), roh, wurde ein diesbezüglicher Fehler je 100000 Schuß registriert.

3.1.4 Verbesserungen in der Garnzufuhr und der Fadenbremsung

Eine Vergrößerung des Abstandes zwischen Kreuzspule und Einlauföse durch Tiefersetzen der Kreuzspulenhalterung ist zur Verkleinerung und Beruhigung des Fadenballons bei Leinengarnverarbeitung erforderlich.

Als Kreuzspulenhalter sollten durch Hebel betätigte Spreizdorne, wie diese z. B. von der Gilbos-Kreuzspulmaschine her bekannt sind, verwendet werden.

Damit der ablaufende Faden durch Balloneinwirkung sich nicht unterhalb der Kreuzspulen verhängen kann, ist die Ablaufeinrichtung derart vorzusehen, daß die Spule mit ihrer unteren Stirnfläche auf einem breiten, filzbelegten bzw. statisch beflockten Teller ruht, der in der Mitte eine Öffnung für die überstehende Hülse der aufgesteckten Kreuzspule besitzt.

Bei besonders schwierigen Umständen besteht zudem die Möglichkeit, zur weiteren Dämpfung des Fadenballons die Kreuzspulen mit Zylindern aus Plexiglas zu umgeben. In den meisten Fällen wird man jedoch ohne derartige, den Kreuzspulenwechsel behindernde Einrichtungen auskommen.

Die heute üblichen Kreuzspulen sind insbesondere bei gröberen Garnnummern zu klein. Die Garnnettogewichte sollten zumindest durch Umspulung hoch gehalten werden. Darüber hinaus sollte die Möglichkeit des Einsatzes von Raketenspulen geprüft werden. Auf einwandfreien Spulenaufbau ist zu achten. Überschläge auf den Stirnflächen der Spule und eingeklemmte Garnlagen infolge falscher Aufsteckung der Hülsen beim Spulen müssen vermieden werden. Es sind geeignete stabile Hülsen zu verwenden, die beim Spulentransport nicht eingedrückt werden. Etwaige Knoten müssen exakt sein. Dringend wünschenswert ist es, daß beide Garnenden der Spulenbewicklung frei liegen, um die Wicklungen zweier oder mehrerer Kreuzspulen miteinander verknoten zu können.

Zur Vermeidung des Herausschlagens des Fadens aus den Bremsscheibenpaaren mußte statt des vorhandenen Einlaufringes eine Porzellanöse am Fadeneinlauf der Fadenspanneinrichtung angebracht werden. Die Bremsen und ihre Bremssteller selbst wurden derart geändert, daß das aus der Bremse herausspringende Garn zwangsläufig in die richtige Lage zurückkehren muß. Zu diesem Zweck ist darauf zu achten, daß die Bremssteller genügend groß sind und die unteren Teller exakt flach aufsitzen. Diese Änderungen sicherten einen einwandfreien Garneinlauf und eine einwandfreie Bremsung.

3.2 Spulvorgang und Hülsenreinigung

3.2.1 *Erfassung von Störungen beim Spulvorgang und bei der Hülsenreinigung*

Der eigentliche Spulvorgang mit der Unifil-Einrichtung erfolgte äußerst schonungsvoll und verlief ohne Störungen.

Nicht störungsfrei ging der automatische Ablauf des Wechsels der vollen Schußspule gegen die Leerhülse vor sich. Während der Versuche waren zwecks Abstellung der Mängel zahlreiche Änderungen erforderlich. Als häufiger Fehler mußte das Nichterfassen des Fadens durch die Garnfangklemmen der Hülsen registriert werden. Als Fehlerursachen waren teilweise Störungen der Fadenbremsung, schlechte Mitnahme des Fadens durch den Garnzubringer, ein zu großes Fadenführerauge und insbesondere zu tief in die Hülsen eingesetzte Fangklemmen anzuführen.

Tab. 4 zeigt in der Reihe A die Häufigkeit der durch das Nichterfassen der Fäden aufgetretenen Störungen je 100 000 Schuß und je 100 Wechsel des Webautomaten.

Die Zahlen der Tabelle streuen. Am ungünstigsten ist die Arbeit mit dem gebleichten Flachswerggarn Nm 4,8 (210 tex) ausgefallen. Hier wurden je 100 000 Schuß 17 nicht erfaßte Fadenenden bzw. 2,3 je 100 Wechsel gezählt, was bedeutet, daß der Weber stündlich mit 1,66 Störungen dieser Art in Anspruch genommen war*. Das günstigste Ergebnis hatte die Zählung bei dem Rohgarn Nm 4,8 (210 tex). Hier war die genannte Störung je 100 000 Schuß nur 1- und 0,12mal je 100 Wechsel aufgetreten. Dies bedeutet, daß der Weber nur 0,10mal je Stunde zur Beseitigung der Störung benötigt wurde. Das gefärbte Flachswerggarn Nm 12 (84 tex) konnte nicht während 100 000 Schuß beobachtet werden, da die eingesetzte Garnmenge zu gering war. Dennoch war klar festzustellen, daß das Nichterfassen des Fadens durch die Fangklemmen der Hülsen häufiger auftrat als bei den übrigen Garnen. Als Ursache dürfte das nach dem Färbevorgang erfolgte Nachseifen anzusehen sein.

Ein zweiter zu beobachtender Fehler war das mangelnde Transportieren der Fäden von der Spulenspitze zur Fadenendtrommel (Reihe B der Tab. 4). Ursache der Störungen dieser Art war eine ungenügende Klemmwirkung des Fadenzubringers. Am ungünstigsten schnitt hier der Versuch mit dem Flachswerggarn Nm 12 (84 tex), ¾weiß, ab mit 23 Störungen je 100 000 Schuß bzw. 8,7 je 100 Wechsel bzw. 2,3 je Stunde. Demgegenüber traten bei den Garnen Nm 4,8 (210 tex), roh, und Nm 21 (48 tex), ¾weiß, keine Störungen dieser Art auf.

Eine weitere Störung beim Spulvorgang kann vor dem Spulenwechsel des Webautomaten dadurch hervorgerufen werden, daß die Wechselklemme das Ende der Spulenbewicklung von der Fadentrommel nicht einwandfrei übernimmt. Störungsursachen waren eine nicht einwandfreie Justierung der Wechselklemme, ein schlechtes Anliegen

---

* Zeiten je 100 Wechsel errechnen sich aus den Angaben der Tab. 6, die die Ablaufzeiten der Spulen beim Weben enthält.

Tab. 4 *Störungen beim Spulvorgang*

Störungen a: je 100 000 Schuß b: je 100 Wechsel durch	Flachswerggarn								Flachsgarn					
	Nm 4,8 roh		Nm 4,8 ½ weiß		Nm 12 roh		Nm 12 ¾ weiß		Nm 21		Nm 21 ¾ weiß		Nm 30 ½ weiß	
	a	b	a	b	a	b	a	b	a		a	b	a	b
A	1	0,12	17	2,3	12	4,0	5	1,9	2		1,3		5	4,6
B	–	–	1	0,1	1	0,3	23	8,7	–		–		7	6,4
C	–	–	1	0,1	2	0,7	6	2,3	–		–		–	–
A + B + C	1	0,12	19	2,5	15	5,0	34	12,9	2		1,3		12	11,0
Nicht gereinigte Hülsen	17	2,0	11	1,5	4	1,3	7	2,6	3		1,9		1	0,9

Zahl der Wechsel je 100 000 Schuß siehe Tab. 6 und Abb. 7.

A: von den Garnfangklemmen der Hülse nicht erfaßte Fadenenden
B: von der Fadenendtrommel nicht erfaßte Fadenenden
C: von der Wechselklemme nicht erfaßte Fadenenden

des Deckels der Garnendentrommel sowie das Füllen des Spulenmagazins bei Stillstand des Webautomaten**.

Die Häufigkeiten derartiger Störungen sind in der Reihe C der Tab. 4 enthalten. Wieder ist es das Garn Nm 12 (84 tex), ¾weiß, das mit sechs Störungen dieser Art je 100 000 Schuß bzw. 2,3 je 100 Wechsel bzw. 0,61 je Stunde am schlechtesten abschneidet. Ohne die letztbeschriebenen Störungen blieben die Garne Nm 4,8 (210 tex), roh, Nm 21 (48 tex), ¾weiß und das Garn Nm 30 (34 tex), ½weiß.

Betrachtet man sämtliche gezählten Störungen beim Spulvorgang zusammen (A+B+C), so befriedigt die starke Streuung der Häufigkeiten noch weniger. Doch darf daran erinnert werden, daß die erforderlich gewesenen Verbesserungen an dem Spulaggregat entsprechend dem Fortschreiten der Versuche und damit mit zunehmender Erfahrung vorgenommen werden konnten und vorgenommen worden sind. Hier ist der Vergleich der beiden Versuchsergebnisse mit den in ihrer Feinheit praktisch gleichen Garnen Nm 4,8 (210 tex), roh und gebleicht, von besonderem Interesse, nicht nur deshalb, weil sie die gröbsten der Versuchsgarne waren, sondern auch weil der Versuch mit Nm 4,8, gebleicht, (19 Störungen je 100000 Schuß, 2,5 je 100 Wechsel und 1,8 je Stunde) in der Reihenfolge der Versuche an zweiter Stelle und der Versuch mit Nm 4,8 (210 tex), roh, (1 Störung je 100000 Schuß, 0,12 je 100 Wechsel und 0,10 je Stunde) als letzter vorgenommen wurde. Der Vergleich zeigt, was durch geeignete Maßnahmen zur Herbeiführung eines einwandfreien Spulens von Leinengarnen auf dem Unifil-Aggregat erreicht werden kann. Zur Bestätigung sei noch gesagt, daß der Versuch mit Flachsgarn Nm 21 (48 tex), ¾gebleicht, mit dem ausgezeichneten Ergebnis (2 Störungen je 100000 Schuß, 1,3 je 100 Wechsel und 0,21 je Stunde) der vorletzte in der Reihe der Versuche war und somit unter Auswirkung aller vorgenommenen verbesserten Änderungen stattfand. Der Beweis des einwandfreien Spulens ist somit auch bei feineren Garnen erbracht.

Tab. 4 enthält in ihrer untersten Reihe die Aufstellung der Fehler, die beim Reinigen der vom Webautomaten zurückkommenden Hülsen durch die Unifil-Einrichtung beobachtet wurden.

Zumindest was die Häufigkeit nicht oder nicht ausreichend gereinigter Hülsen je 100000 Schuß anbetrifft, ist erkennbar, daß dieser Fehler bei gröberen Garnen häufiger auftritt als bei den feineren, was in erster Linie darauf zurückzuführen ist, daß bei niedrigeren Garnnummern der Spulenwechsel häufiger erfolgt als bei höheren. Die Häufigkeit nichtgereinigter Hülsen je 100 Wechsel beträgt bis auf den Versuch mit dem Flachswerggarn Nm 12 (84 tex), ¾weiß, bei dem die Störhäufigkeiten, wie bereits erwähnt, aus dem Rahmen fielen, nicht über 2,0, geht also über 2% nicht hinaus, was als ein befriedigendes Beobachtungsergebnis gelten kann.

Die Verarbeitung sämtlicher Garne erfolgte ohne vorherige Reinigung. Insgesamt betrachtet, machten sich Garnunregelmäßigkeiten bei keinem der in Nummer und Art stark voneinander abweichenden Leinengarne während des Spulvorganges auf dem Unifil-Spuler bemerkbar. Obwohl insbesondere bei den Rohgarnen und von diesen wiederum beim Trockengespinst durch Fasern, Schäben und Staub eine starke Verunreinigung des Gerätes auftrat, waren dadurch keinerlei Behinderungen und nachteilige Auswirkungen festzustellen gewesen.

Die Präzision, mit welcher der Unifil-Spuler arbeitete, war gut, obwohl das Gerät während der Versuche keine regelmäßige Wartung erfuhr. Nur gelegentlich wurde der Lauf des Gerätes von einem Unifil-Fachmann kontrolliert.

** Die Fadenendtrommel wird vom Webautomaten her angetrieben.

3.2.2 Verbesserungen beim Spulvorgang und bei der Hülsenreinigung

Das Nichterfassen des Fadens durch die Fangklemmen der Hülsen ist zu einem geringen Teil mit der anfangs nicht immer korrekt arbeitenden Fadenbremsung in Zusammenhang zu bringen, beide Erscheinungen traten gemeinsam auf. Über Verbesserungsvorschläge wurde bereits berichtet. Eine häufige Nichtmitnahme des Fadens durch den Fadenzubringer verhinderte, daß der vorher abgeschnittene Faden in den Bereich der Fangklemmen der Hülse kam. Der Fadenzubringer ist mit einem Gummimitnehmer versehen, der über eine Fläche streift und damit die Mitnahme des Fadens bewirkt. Eine größere Sicherheit kann dadurch erreicht werden, daß die Glätte der Gleitfläche durch Aufkleben eines Gewebestreifens aufgehoben wird. Weiterhin kann die Wirkung durch Abänderung der runden Form des Gummimitnehmers in eine rechteckige verbessert werden. Die zu Beginn der Versuche eingesetzte Fadenführung hatte ein zu großes Fadenauge und ergab beim Anlauf der Spuleinrichtung eine ungenaue Stellung des Fadens zu den Fangklemmen. Die Öffnung des Fadenführungsauges wurde von 6 auf ca. 3,5 mm ⌀ reduziert. Geringfügig konnte ein stärkeres Aufbiegen der Ösen an den Schußhülsen den Fehler des Nichterfassens des Fadens verringern. Schließlich wurde durch Verwendung eines Hülsenbesatzes mit länger herausstehenden Fangklemmen der Fehler nahezu vollständig behoben.

Das Nichterfassen der Fadenenden nach dem Spulen konnte durch Austausch der vorhandenen Nylonklemme des Fadenzubringers gegen eine für Grobgarne geeignete abgestellt und eine sichere Führung des Fadens zur Fadenendtrommel gewährleistet werden.

Ein beobachtetes Nichtabschneiden des Fadens nach dem Spulvorgang wurde durch Nachschleifen der Schneideeinrichtung einwandfrei behoben.

Ein sicheres Einlegen des Fadenendes der untersten Spule des Spulenmagazins unter die Wechselklemme erfordert deren genaue Einstellung. Die Klemme darf weder zu weit noch zu dicht zur Fadentrommel stehen. Als weitere Fehlerursache wurde ein schlechtes Anliegen des Deckels der Fadenendtrommel festgestellt, in anderen Fällen hatten sich die Garnenden der unteren Spulen im Magazin zusammengedreht. Dies ist möglich, wenn bei längerem Stillstand des Webautomaten und nahezu leerem Magazin das Spulaggregat läuft. Infolge Stillstand der Fadenendtrommel, deren Antrieb über eine biegsame Welle vom Webautomaten erfolgt, ist der erforderliche Abstand der einzelnen Fadenenden nicht gewährt.

Eine Verminderung der Häufigkeit nichtgereinigter Hülsen, insbesondere bei groben, rauhen Garnen, kann vom Weber durch regelmäßige Kontrolle des Zapfens der Rotationsbürste auf aufgewickelte Fäden und auf Entfernung dieser Fäden während seiner Rundgänge herbeigeführt werden. Eine sichere Arbeitsweise der Außenschere des Webautomaten wird vorausgesetzt.

3.2.3 Vergleich der Spulspannungen auf herkömmlichen Schußspulautomaten und auf Unifil-Spuler

Ein Vergleich zwischen dem Weben mit Schußspulen, die nach dem herkömmlichen Verfahren auf Schußspulautomaten hergestellt werden, und dem Weben mit Spulen der Unifil-Einrichtung zeigt, daß bei gleich hohen Spulspannungen die Neigung zum Abschlagen von Garnlagen bei Unifil geringer ist. Die Ursache der günstigeren Verarbeitung von Unifil-Schußspulen liegt darin, daß sie ohne die üblichen Automaten-Schußspulen hingegen meist erst nach längerer Zwischenlagerung verwebt werden. Bei allen zur Untersuchung herangezogenen Garnen war beim Arbeiten mit Unifil-

Einrichtung eine Herabsetzung der bei Schußspulautomaten üblichen Spulspannungen möglich gewesen, was als ein Vorteil zu bezeichnen ist. Tab. 5 zeigt einen Vergleich der Spulspannungen, wobei die jeweils niedrigsten Spannungen eingesetzt wurden, die auf Webautomaten ein störungsfreies Weben ergaben. Die Verminderung der Fadenspannung bei den Unifil-Spulen betrug ca. 8–11%.

Tab. 5 Spulspannungen

Schußgarn	Spulspannung p	
	Unifil	ASE
Flachswerggarn Nm 4,8	120	130
Flachswerggarn Nm 12	80	90
Flachsgarn Nm 21	50	55
Flachsgarn Nm 30	40	45

Innerhalb eines Kurzversuches wurde eine stark ausgetrocknete Garnpartie Flachsgarn Nm 30 (34 tex), ½gebleicht, mit dem Unifil-Spuler verarbeitet. Bereits nach Verwebung weniger Schußspulen wurde bekannt, daß das trockene Garn eine Erhöhung der Spulspannung von 40 auf 50 p erforderte. Im Falle der Verarbeitung des trockenen Garns in einer getrennten Schußspulerei wäre die zu geringe Spulspannung zu spät erkannt und eine erhebliche Menge unbrauchbarer Spulen angefertigt worden.

Darüber hinaus hat das Arbeiten mit Unifil-Spuler den Vorteil, daß vor längeren Unterbrechungen, z. B. Betriebsferien, ein vorheriges Leerarbeiten des Magazins möglich ist, was insbesondere bei empfindlichen Garnen nützlich ist, um einen vor und nach der Unterbrechung einheitlichen Gewebeausfall sicherzustellen.

3.2.4 Gegenüberstellung von Spulenherstell- und Spulenablaufzeiten beim Weben

Eine Veränderung der Unifil-Spindeldrehzahl ist durch Austausch von Motorantriebsscheiben und Antriebsriemen zwischen 3000 bis 8000 U/min um jeweils 500 U/min möglich.

Tab. 6 enthält – ohne Berücksichtigung von Spul- und Webwirkungsgraden – in ihrem oberen Teil für die bei den Versuchen verarbeiteten Leinengarne und unter der Voraussetzung eines Schußspulen-Nettogewichtes von 40 g die Garnlauflängen je Spule und die Spulzeit auf dem Unifil-Spuler bei 6500 Spindel-U/min, entsprechend ca. 350 m/min Spulgeschwindigkeit. Sie enthält ferner zur Gegenüberstellung die Spulzeit auf dem Schlafhorst-ASE-Schußspulautomaten mit der für Leinengarne üblichen Geschwindigkeit von 10 000 Spindel-U/min, entsprechend 640 m/min.

Weiterhin enthält Tab. 6 für die Versuchsgarne die Ablaufzeit der 40-g-Spulen auf dem Webautomaten bei 153 cm Blatteinstellbreite und 165 U/min. Ein Vergleich dieser Zeiten mit den Unifil- bzw. ASE-Zeiten liefert die sich ergebenden Reservezeiten bei der Unifil-Einrichtung bzw. die für eine Mehrleistung zur Verfügung stehenden Zeiten bei dem ASE-Automaten. Abb. 6 ist die graphische Darstellung der Abweb- und Spulzeiten.

Aus Tab. 6 und Abb. 6 ist ersichtlich, daß der Unifil-Spuler selbst bei Annahme eines mit dem Webautomaten gleichen Wirkungsgrades bei der gewählten Spulgeschwindigkeit entsprechend 6500 Spindel-U/min eine Leistung hat, die 30% über dem Bedarf des

Tab. 6   Spul- und Webzeiten

Schußgarn	Flachswerg				Flachs	
	Nm 4,8 roh	Nm 4,8 ½weiß	Nm 12 roh	Nm 12 ¾weiß	Nm 21 ¾weiß	Nm 30 ½weiß
Ist-Garn-Nr. Nm	4,6	5,2	12,6	14,4	23,9	35,0
Garn-Lauflänge (40-g-Spulen) in m	184	208	504	577	956	1 400
Unifil-Spulzeit* in s (6 500 Spindel-U/min)	33	38	92	105	174	254
ASE-Spulzeit* in s (10 000 Spindel-U/min)	17	20	47	54	90	131
Spulenlaufzeit** beim Weben in s	44	50	120	137	227	333
Reservezeiten bei Unifil in s (6 500 U/min)	11	12	28	32	53	79
Mehrleistung bei ASE in s (10 000 U/min)	27	30	73	83	137	202
Schußspulenwechsel** bei 100 000 Schuß	833	735	302	265	160	109

Webautomaten liegt. Je gröber das Garn, desto kürzer werden Abweb- und Spulzeit sowie die sich als Differenz ergebende Reservezeit. Es zeigt sich jedoch, daß letztere auch bei dem gröbsten verarbeiteten Garn Nm 4,8 (210 tex) ausreichend ist, solange nicht längere Unterbrechungen des Spulvorganges durch unerwartete Störungen auftreten.

Die vergleichsweise eingetragenen Leistungen für den herkömmlichen Schußspulautomaten zeigen, daß mit einer Spulstelle bei 10000 Spindel-U/min und Annahme gleicher Wirkungsgrade von Spul- und Webmaschine zweieinhalb Webautomaten versorgt werden können. Der größeren Leistung der Automatenspindel steht die geringere Drehzahl der Unifil-Spindel gegenüber mit den Vorteilen der geringeren Ballonbildung und damit größerer Störungsfreiheit des Spulvorganges bei Leinengarn sowie Schonung von Garn- und Maschinenmaterial.

Schließlich ist in der letzten Reihe der Tab. 6 die Zahl der Spulenwechsel des Webautomaten je 100000 Schuß enthalten. Abb. 7 gibt graphisch die Garnlauflänge je Spule und die Häufigkeit des Spulenwechsels, aufgetragen über der Garnnummer,

---

*   Einschließlich Zeit für Wechselvorgang.
** Bei 153 cm Blatt-Einstellbreite und 165 U/min des Webautomaten.

Tab. 7 *Praktischer Schußgarnbedarf in m/min*

Ware	Blattbreite cm	Blatt-Einstellbreite cm	Reinleinen		Halbleinen		Baumwolle	
			U/min	m/min	U/min	m/min	U/min	m/min
Glatt	80	50– 70	185	67– 94	185	83–116	220	99–139
	120	70–110	165	84–131	165	104–163	200	126–198
	200	120–190	145	126–200	145	157–248	165	178–282
Jacquard	80	50– 70	165	60– 84	165	75–104	185	84–116
	120	70–110	165	84–132	165	104–164	185	116–184
	200	120–190	135	117–186	135	146–230	160	173–274

wieder. Die häufige Wechselfolge bei den groben Garnen verlangt eine regelmäßige Wartung des Unifil-Aggregates.

Die in Tab. 6 und Abb. 6 angegebenen Ablaufzeiten der Schußspulen beim Weben beziehen sich auf eine Blatteinstellbreite von 153 cm und eine Drehzahl des Webautomaten von 165 U/min.

Der Überprüfung, wieweit die vorgenommenen Betrachtungen und gezogenen Schlüsse sich insgesamt auf die Herstellung von Halbleinen und Reinleinen sowie artgleicher Baumwollgewebe übertragen lassen, dient eine Übersicht in Tab. 7, die in den Betrieben anzutreffende Webautomatendrehzahlen für verschiedene Webblattbreiten bei Herstellung glatter und Jacquardwaren enthält. Die Tabelle enthält ferner den für die genannten Drehzahlen und Blatteinstellbreiten erforderlichen Garnbedarf in m/min. Dabei ist mit Wirkungsgraden von 90% bei Baumwoll- und 70–75% bei Leinenketten gerechnet worden. Aus den Zahlen geht hervor, daß die bei 6500 Spindel-U/min erreichte Leistung der Unifil-Einrichtung mit ca. 330 m/min auch unter Berücksichtigung eines Wirkungsgrades von 90%, d. h. mit ca. 300 m/min den höchsten errechneten Bedarf bei der Verarbeitung von Leinenschußgarnen – 248 m/min – um rd. 17% übersteigt und damit in allen Fällen ausreicht. Für die Verarbeitung von Baumwollschußgarnen mit Webautomaten-Drehzahlen lt. Tab. 7, bei denen sich ein maximaler Bedarf von 282 m/min ergibt, müßte die Spindeldrehzahl des Unifil-Spulers zur Erzielung gleicher Sicherheit auf 7500 U/min heraufgesetzt werden.

Abb. 8 enthält unter Inanspruchnahme der Bedarfszahlen aus Tab. 7 eine graphische Darstellung, der die je Minute benötigten Schußgarnlängen in Abhängigkeit von der Einstellbreite für Reinleinen-, Halbleinen- und Baumwollgewebe entnommen werden können.

3.2.5 Vergleich der Garneigenschaften nach dem Spulen auf dem Unifil-Spuler und auf dem Schlafhorst-ASE-Schußspulautomaten

Die Versuchsgarne wurden nach dem Spulen auf der Unifil-Einrichtung und vergleichsweise auch nach einem Spulen auf dem Schlafhorst-ASE-Automaten nach DIN 53834 auf ihre Reißkraft und Reißdehnung untersucht, wobei je Garn 100 Reißungen der Bestimmung der Kennzahlen und deren Variationskoeffizienten dienten. Es haben sich in keinem Falle statistisch gesicherte Unterschiede ergeben. Der fraglos dem Spulen auf dem Unifil-Spuler zuzusprechende Vorteil der geringeren Spulgeschwindigkeit ist auf diesem Wege für Leinengarne nicht nachweisbar.

3.3 Webvorgang

3.3.1 Besonderheiten des Gewebeausfalles bei Einsatz des Unifil-Spulers

Der Webvorgang auf dem mit der Unifil-Einrichtung ausgestatteten Webautomaten wurde hinsichtlich Schußfadenbrüchen und des Gewebeausfalls (Streifen, Schlaufenbildungen und Leisteneinzüge) beobachtet.

Die vom feineren zum gröberen Garn merklich zunehmende Häufigkeit der Schußfadenbrüche, hervorgerufen für einen durch grobe Garnnummern nicht voll geeigneten Einfädler und die für die Versuche absichtlich unterlassene Reinigung der Garne, steht nicht im Zusammenhang mit der Beurteilung der Unifil-Einrichtung und braucht hier nicht im einzelnen behandelt zu werden.

Als nachteilig hat sich eine Behinderung bei der Behebung von Kettfadenbrüchen herausgestellt, die im Bereich des Gewerberandes beim Unifil-Spuler auftreten. Die weit ausladende Bauweise der Spuleinrichtung erschwert das Einziehen der Kettfäden.

Die Gefahr der Streifenbildung ist beim Arbeiten mit Unifil-Einrichtung bei weitem geringer als bei Ladeeinrichtungen. Die dem Unifil-Spuler vorgelegten Garnkörper werden kontinuierlich abgezogen. Soweit schlecht durchgebleichte und durchgefärbte Vorlagegarnkörper zu verarbeiten sind, können Bleich- und Farbunterschiede praktisch nur zwischen dem Wechsel abgelaufener und voller Kreuzspulen in Erscheinung treten. Wie wahllos die Reihenfolge der zum Verweben kommenden Schußspulen bei Einsatz von Ladeeinrichtungen ist, geht aus einer Beobachtung bei der Verarbeitung von Spulen aus einem Spulenkasten des ASE-Spulautomaten hervor, der mit 100 Schußspulen gefüllt war, die in der Reihenfolge des Spulens von 1 bis 100 numeriert worden waren. Entsprechend den Gesamtnettogewichten der Schußspulen und der der Maschine vorgelegten Kreuzspulen stammte das Garn der 100 Schußspulen von vier verschiedenen Kreuzspulen, und zwar 1–25 von Kreuzspule A, 26–50 von B, 51–75 von C und 76–100 von D. Es wäre zu platzraubend, die gesamte Folge der Spulen, wie sie aus dem Spulenkasten dem Spulenwechsel zugeführt wurden, in diesem Berichtsabschnitt aufzuzählen. Es sei lediglich ein Ausschnitt aus der Mitte der Verarbeitung der 100 gekennzeichneten Spulen, insgesamt 10 Stück umfassend, gebracht:

25, 36, 75, 86, 51, 93, 21, 90, 42, 61.

Diese Kreuzspulen enthielten Garne aus Kreuzspulen:

A, B, C, D, C, D, A, D, B, C.

Soweit die unter Verwendung des Unifil-Spulers hergestellten Gewebe Schußschlaufen aufwiesen, waren diese in erster Linie auf das Hängenbleiben einzelner Garnlagen infolge unterlassener Reinigung des Garns zurückzuführen. Die Verwendung von gerillt ausgeführten Kontakthülsen sei in diesem Zusammenhang empfohlen.

Insbesondere bei der Verarbeitung der groben Schußgarne machten sich tiefe Leisteneinzüge bemerkbar. Selbst bei zweckentsprechend optimaler Fadenbremsung im Webschützen konnte die Erscheinung nicht abgestellt werden, auf die in den nächsten beiden Absätzen des Berichtes noch eingegangen werden soll.

Bereits an dieser Stelle sei empfohlen, die Hülsenlänge von 220 auf 200 mm zu reduzieren, um die Umschlingung des Hülsenschaftes durch den ablaufenden Faden zu verringern. Für die Verwebung grober Garne ist an den Einsatz von Leistenbildnern zu denken.

3.3.2 Messung der Schußfadenablaufspannungen

Die starken Leisteneinzüge bei der Verarbeitung gröberer Leinenschußgarne mit Unifil-Einrichtung gaben Veranlassung, die Schußfadenablauf-Spannungen zu messen und die Ausführung der Schußhülsen zu überprüfen.

Tab. 8 enthält die Anfangs- und Endspannungen beim Ablauf einer Schußspule mit einer für Unifil-Spuler vorgesehenen, durchgehend leicht konisch gehaltenen Schußhülse im Vergleich zu einer Spule auf Schußhülse mit Ansatzkonus. Bei einer gemeinsamen Länge von 220 mm hatte die Unifil-Hülse einen von 18 mm auf 11,5 mm gleichmäßig abnehmenden Schaftdurchmesser. Die andere Hülse hatte am Fuße einen Durchmesser von 21 mm und an der Spitze einen solchen von 11,5 mm. Der 19 mm über dem Schaftfuß ansetzende 40 mm lange Konus brachte eine Verringerung des Schaftdurchmessers von 21 auf 14 mm.

Die Herstellung der letztgenannten Spulen auf der Unifil-Einrichtung konnte nur behelfsmäßig vorgenommen werden. Immerhin ergab sich, daß keine nennenswerte Konizität der Schußspulen vorhanden war, obwohl der Unifil-Spuler ohne Dicken-

Tab. 8 Spul-Fadenablauf-Spannungen in p

Garn	Ist-Nr. Nm	Schwach konische Hülse	Hülse mit Konusansatz
Flachswerg Nm 4,8 roh	4,6	57–156	57–120
Flachswerg Nm 4,8 ½ weiß	5,2	50–135	51–102
Flachswerg Nm 12 roh	12,6	33– 72	30– 55
Flachswerg Nm 12 ¾ weiß	14,4	30– 64	29– 50
Flachs Nm 21 ¾ weiß	23,9	23– 49	22– 38
Flachs Nm 30 ½ weiß	35,0	19– 39	20– 30

abtastung durch Fühlerrädchen arbeitete. Die Lage der Spulen im Spulenmagazin war somit einwandfrei. Wie die Zahlen der Tab. 8 zeigen, liegen bei etwa gleich hoch eingestellten Anfangs-Fadenablaufspannungen die Endspannungen bei Verwendung der Unifil-Hülsen erheblich höher als bei Benutzung der Hülsen mit Ansatzkonus. Ein Vorteil der letztgenannten Spulenausführung ist offensichtlich. Es zeigte sich auch, daß die Verarbeitung der Spulen mit derartigen Hülsen ein Zurückgehen der Leisteneinzüge mit sich brachte.

Es wird die Überlegung empfohlen, in welcher Form eine einwandfreie Befestigung und Wirkungsweise des für den Unifil-Betrieb erforderlichen Fangklemmenbesatzes bei den beschriebenen Hülsen mit Konusansatz ermöglicht werden kann. Dabei ist allerdings zu bedenken, daß Hülsen mit Ansatzkonus eine Verringerung der Fadenlänge in der Spule und damit eine Erhöhung der Spulenwechselhäufigkeit mit sich bringen.

3.3.3 Einfluß der Windungszahl

Es erschien zweckmäßig, den Aufbau der Unifil-Spule im Hinblick auf die Anfälligkeit zur Schußschlaufenbildung zu untersuchen. Die Standardversuche wurden mit 7 Windungen je Hub (1¾ Zoll; 44,5 mm) durchgeführt*.
Probeweise wurde der Unifil-Spuler mit auf 5 Windungen reduzierter und auf 10 Windungen je Hub erhöhter Windungszahl betrieben. Beim Verweben von Schußspulen mit 5 Windungen je Hub wurde kein Fall eines Lösens von Garnlagen beobachtet. Die Standard-Spindeltourenzahl von 6500 U/min liegt aber für diese Windungszahl zu hoch. Ein Dauerbetrieb des Unifil-Spulers wäre nur bei einer Herabsetzung der Drehzahl möglich, damit scheidet die Einstellung für 5 Windungen je Hub infolge verringerter Leistung des Gerätes für die Praxis aus. Schußspulen mit 7 Windungen je Hub ergaben bis auf die Verarbeitung des rohen Flachswerggarns Nm 4,8 – es entstanden einzelne Schlaufen durch sich lösende Garnlagen – einen einwandfreien Ge-

---

* Die zum Vergleich herangezogene ASE-Schußspule hatte mit 45 mm Hub und 6,25 Windungen je Hub nahezu gleiche Verhältnisse.

webeausfall. Mit 10 Windungen je Hub wurde das nachteilige Lösen von Garnlagen gefördert. Außer dem rohen Flachswerggarn Nm 4,8 ließ sich auch das vorher schlaufenfrei zu verwebende ½gebleichte Flachswerggarn Nm 4,8 nicht mehr störungsfrei verarbeiten. Für die Leinenschußverarbeitung mit Unifil-Einrichtungen ist somit ein Spulenaufbau mit 7 Windungen je Hub als optimal anzusehen.

4. Zusammenfassung

Die Ausarbeitung behandelt die Möglichkeiten der rationellen Verarbeitung von Leinengarnen unter Einsatz von Unifil-Spulern. Den Versuchen stand ein mit Unifil-Einrichtung ausgerüsteter Dornier-Webautomat zur Verfügung, dessen Drehzahl bei einer Blattbreite von 175 cm 165 U/min betrug.

Als Schußgarne wurden in die Untersuchungen Flachswerggarne Nm 4,8 (210 tex) als Trockengespinst und Nm 12 (84 tex) als Naßgespinst sowie naßgesponnene Flachsgarne Nm 21 (48 tex) und Nm 30 (34 tex), teils roh, teils gebleicht und gefärbt, einbezogen. Die Garne lagen ungereinigt in Kreuzspulaufmachung vor. Bis auf zwei Garne, die nach der Bleiche hart umgespult wurden, handelte es sich um in der Spinnerei gespulte Garne.

Die Garnnummern und Bewicklungshärten der Kreuzspulen beeinflussen entscheidend die Laufzeiten der Kreuzspulen und somit die *Häufigkeit der Kreuzspulenwechsel*. Die Laufzeiten bewegen sich zwischen 23 und 148 Minuten. Die Häufigkeit der Wechsel liegt im Bereich von 27 bis 4 je 100000 Schuß. Die Garnnettogewichte der Vorlagegarnkörper sollten durch zweckentsprechende Umspulung erhöht werden. Bei gröberen Garnen ist die Möglichkeit der Aufmachung als Raketenspulen zu prüfen. Ein Freilegen der Garnanfänge ist wünschenswert, damit Ende und Anfang zweier Kreuzspulen miteinander verbunden werden können.

Die während des *Abzuges der Kreuzspulen* beobachteten Störungen wurden registriert und Verbesserungsvorschläge hinsichtlich Spulenaufbau, Abstand zwischen Kreuzspulenhalterung und Fadeneinlauf, durch Hebel betätigter Spreizdorne sowie filzbelegter Kreuzspulenaufnahmeteller gemacht.

Eine gleichmäßige *Fadenbremsung* konnte durch Änderungen des Fadeneinlaufs und der Fadenbremsen erreicht werden, wodurch in Härte und Durchmesser einheitliche Schußspulen erzielt wurden.

Der eigentliche *Spulvorgang* erfolgte beim Unifil-Spuler schonungsvoll und ohne Störungen. Der *automatische Wechsel* der vollen Schußspulen und der Hülsen erwies sich zu Beginn der Versuche fehlerhaft. Auch hier waren Verbesserungen möglich, die einen nahezu störungsfreien Betrieb erreichen ließen. Die Häufigkeit nicht gereinigter Hülsen liegt unter 2%. Behinderungen des Spulprozesses durch sich lösende Fasern, Schäben, Staub usw. konnten nicht festgestellt werden.

Im Vergleich zum Spulvorgang auf konventionellen Schußspulautomaten kann die *Spulspannung* auf der Unifil-Einrichtung um rd. 10% niedriger gehalten werden, da Transport und Zwischenlagerung der Spulen entfallen. Der Bericht enthält Angaben über geeignete Spulspannungen.

Die *Spulleistung* sollte zweckmäßig 15 bis 30% höher sein als der Schußverbrauch des Webautomaten. Dies wurde für alle verwebten Schußgarne mit einer Spindeldrehzahl von 6500 U/min erreicht. Es konnte nach glatten und Jacquardwaren unterteilt gezeigt werden, daß der Versuchsfall hinsichtlich der Leistung auf die Gesamtheit der leinenverarbeitenden Betriebe übertragen werden kann.

Unterschiede der Eigenschaften von Garnien auf Unifil-Schußspulen und solchen auf Schußspulen eines Schlafhorst-ASE-Schußspulautomaten konnten nicht festgestellt werden.

Die Hülsenlänge, die bei den Versuchen 220 mm betrug, sollte bei Leinengarnverarbeitung zur Verringerung von Leisteneinzügen auf 200 mm reduziert werden. Bei groben Garnen wäre die Verwendung von Hülsen mit Ansatzkonus, verglichen mit den üblichen leicht konischen Unifil-Hülsen zwecks Herabsetzung der Fadenspannungen gegen Ende des Fadenablaufes von Vorteil. Es muß geprüft werden, ob derartige Hülsen die Anbringung der erforderlichen Fadenfangklemmen gestatten. Zudem ist bei groben Garnen die Anwendung von Leistenbildnern zu empfehlen.

Der *Spulenaufbau* ergab sich mit 7 Windungen je Hub optimal. Eine Verringerung der Windungszahl je Hub wäre von weiterem Vorteil, doch würde dabei eine Verringerung der Spindeldrehzahl erforderlich werden.

Die Versuche haben gezeigt, daß die Unifil-Einrichtung nach Durchführung geringfügiger Änderungen für die Leinengarnverarbeitung mit Erfolg eingesetzt werden kann.

Die Arbeit ist durch einen Zuschuß des Herrn Ministerpräsidenten des Landes Nordrhein-Westfalen – Landesamt für Forschung – ermöglicht worden. Für diese Förderung sei an dieser Stelle der Dank des Instituts ausgesprochen. Für die Unterstützung bei der Durchführung der Versuche wird der Firma Carl Gansz & Cie., Emsdetten, gedankt.

5. Abbildungen zu Teil II

Abb. 1   Unifil-Spuler
         Gesamtansicht

Abb. 2   Unifil-Spuler
         Spulenhalterung

Abb. 3   Unifil-Spuler
         Fadeneinlauf und Fadenbremse

Abb. 4 Unifil-Spuler
        Hülsenmagazin, Spulaggregat und Spulenmagazin

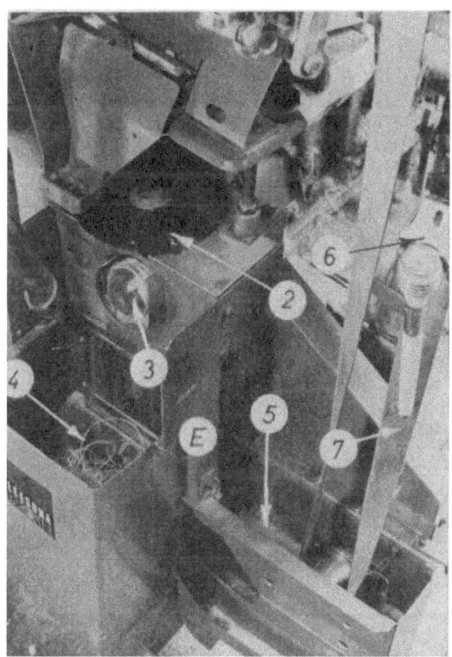

Abb. 5 Unifil-Spuler
        Hülsenreiniger

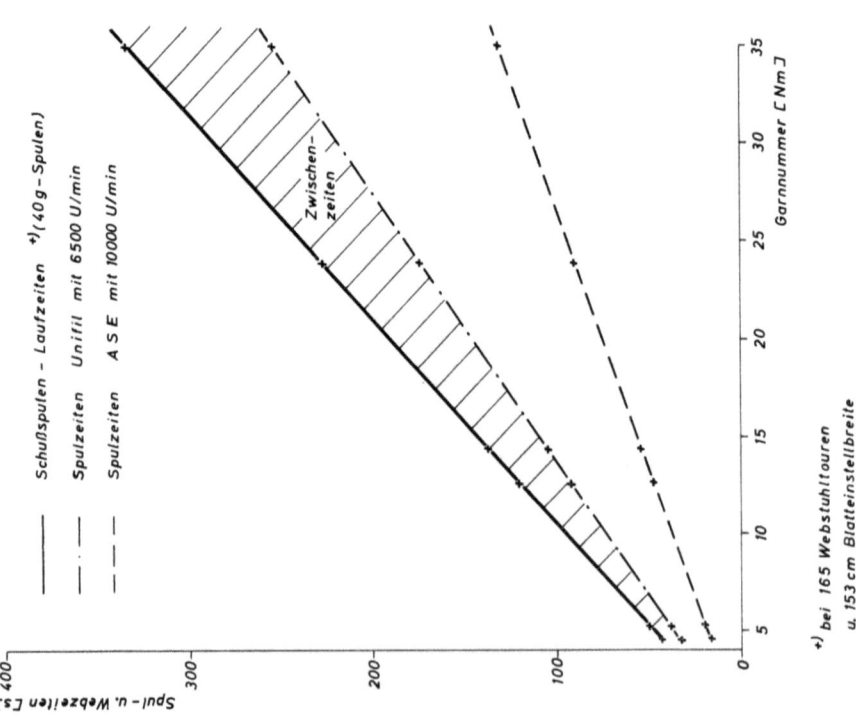

Abb. 6 Vergleich von Spul- und Webzeiten

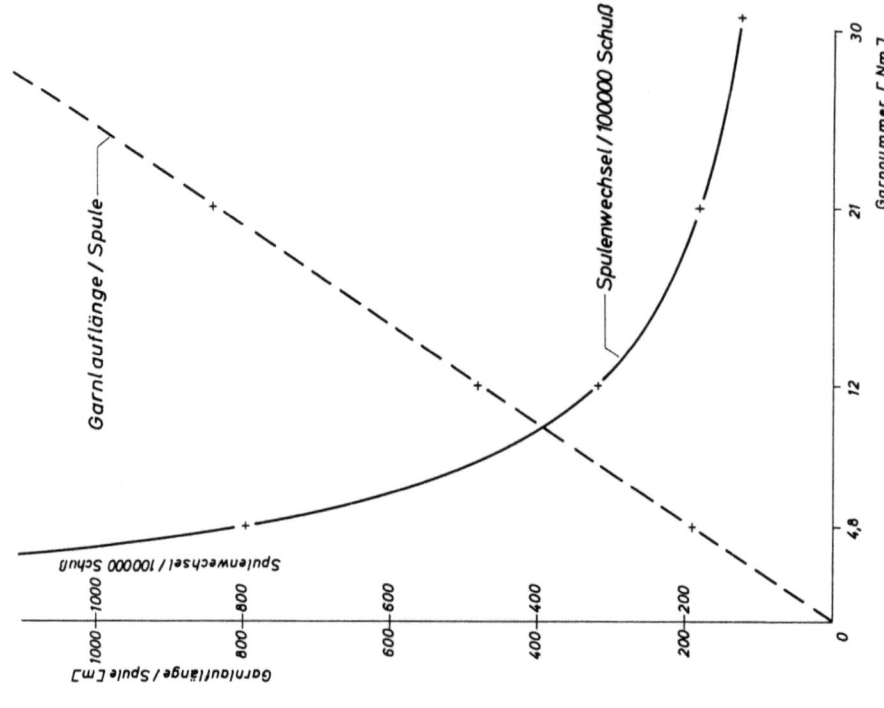

Abb. 7 Garnlauflängen je Spule
Spulenwechsel je 100 000 Schuß

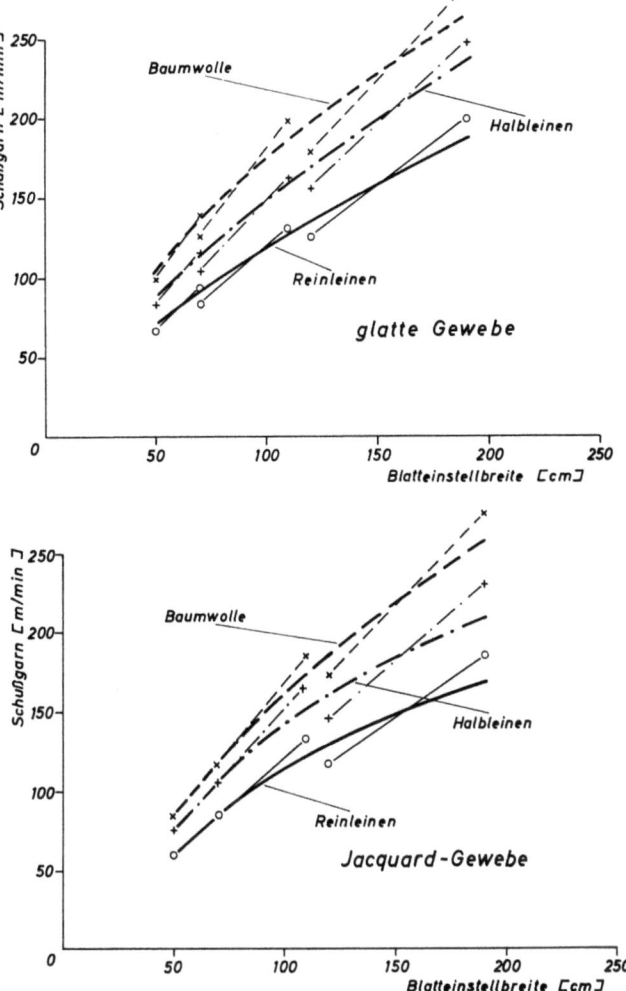

Abb. 8 Schußgarnbedarf

Forschungsberichte des Landes Nordrhein-Westfalen

Herausgegeben im Auftrage des Ministerpräsidenten Heinz Kühn
von Staatssekretär Professor Dr. h. c. Dr. E. h. Leo Brandt

Sachgruppenverzeichnis

Acetylen · Schweißtechnik
Acetylene · Welding gracitice
Acétylène · Technique du soudage
Acetileno · Técnica de la soldadura
Ацетилен и техника сварки

Arbeitswissenschaft
Labor science
Science du travail
Trabajo científico
Вопросы трудового процесса

Bau · Steine · Erden
Constructure · Construction material ·
Soil research
Construction · Matériaux de construction ·
Recherche souterraine
La construcción · Materiales de construcción ·
Reconocimiento del suelo
Строительство и строительные материалы

Bergbau
Mining
Exploitation des mines
Minería
Горное дело

Biologie
Biology
Biologie
Biologia
Биология

Chemie
Chemistry
Chimie
Quimica
Химия

Druck · Farbe · Papier · Photographie
Printing · Color · Paper · Photography
Imprimerie · Couleur · Papier · Photographie
Artes gráficas · Color · Papel · Fotografía
Типография · Краски · Бумага · Фотография

Eisenverarbeitende Industrie
Metal working industry
Industrie du fer
Industria del hierro
Металлообрабатывающая промышленность

Elektrotechnik · Optik
Electrotechnology · Optics
Electrotechnique · Optique
Electrotécnica · Optica
Электротехника и оптика

Energiewirtschaft
Power economy
Energie
Energía
Энергетическое хозяйство

Fahrzeugbau · Gasmotoren
Vehicle construction · Engines
Construction de véhicules · Moteurs
Construcción de vehículos · Motores
Производство транспортных · Средств

Fertigung
Fabrication
Fabrication
Fabricación
Производство

Funktechnik · Astronomie
Radio engineering · Astronomy
Radiotechnique Astronomie
Radiotécnica · Astronomía
Радиотехника и астрономия

Gaswirtschaft
Gas economy
Gaz
Gas
Газовое хозяйство

Holzbearbeitung
Wood working
Travail du bois
Trabajo de la madera
Деревообработка

Hüttenwesen · Werkstoffkunde
Metallurgy · Materials research
Métallurgie · Materiaux
Metalurgia · Materiales
Металлургия и материаловедение

Kunststoffe
Plastics
Plastiques
Plásticos
Пластмассы

Luftfahrt · Flugwissenschaft
Aeronautics · Aviation
Aéronautique · Aviation
Aeronáutica · Aviación
Авиация

Luftreinhaltung
Air-cleaning
Purification de l'air
Purificación del aire
Очищение воздуха

Maschinenbau
Machinery
Construction mécanique
Construcción de máquinas
Машиностроительство

Mathematik
Mathematics
Mathématiques
Mathemáticas
Математика

Medizin · Pharmakologie
Medicine · Pharmacology
Médecine · Pharmacologie
Medicina · Farmacología
Медицина и фармакология

NE-Metalle
Non-ferrous metal
Metal non ferreux
Metal no ferroso
Цветные металлы

Physik
Physics
Physique
Física
Физика

Rationalisierung
Rationalizing
Rationalisation
Racionalización
Рационализация

Schall · Ultraschall
Sound · Ultrasonics
Son · Ultra-son
Sonido · Ultrasónico
Звук и ультразвук

Schiffahrt
Navigation
Navigation
Navegación
Судоходство

Textilforschung
Textile research
Textiles
Textil
Вопросы текстильной промышленности

Turbinen
Turbines
Turbines
Turbinas
Турбины

Verkehr
Traffic
Trafic
Tráfico
Транспорт

Wirtschaftswissenschaften
Political economy
Economie politique
Ciencias económicas
Экономические науки

Einzelverzeichnis der Sachgruppen bitte anfordern

Westdeutscher Verlag · Köln und Opladen

567 Opladen/Rhld., Ophovener Straße 1–3, Postfach 1620

If you have any concerns about our products,
you can contact us on
ProductSafety@springernature.com

In case Publisher is established outside the EU,
the EU authorized representative is:
**Springer Nature Customer Service Center GmbH
Europaplatz 3, 69115 Heidelberg, Germany**

Printed by Libri Plureos GmbH
in Hamburg, Germany